Mathematik-Abitur
Band 3

Stochastik
Wahrscheinlichkeitsrechnung & Statistik

zur
Abiturvorbereitung
und zum
Selbststudium

von
Reinhold Goldmann

Inhaltsverzeichnis

4

Vorbemerkungen

Aufgaben zur Stochastik sind Inhalte der Abiturprüfung. Mit diesem Buch versucht der Autor die wichtigsten Themenbereiche der Stochastik anschaulich und möglichst übersichtlich darzustellen. Während vieler Jahre der Vermittlung mathematischer Themen an Lernende verschiedenster Altersgruppen gab es ab und zu Verständnisschwierigkeiten, die einem Lehrenden oft nicht mehr bewusst sind. Manchmal wird ein Lehrer aber auch durch aufmerksame Zuhörer auf einfachere Lösungswege hingewiesen, die das Verstehen mathematischer Zusammenhänge durchaus erleichtern können. Einige dieser Hinweise wurden in den Unterricht und damit auch in dieses Werk übernommen.

In der Mathematik können die unterschiedlichsten Wege zum Ziel führen. Deshalb ist ein verständnisvoller Lehrender stets bemüht, die sinnvollsten und einfachsten Lösungswege zu vermitteln. In dieser vorliegenden Zusammenfassung des Lehrstoffs der mathematischen Oberstufe wird daher versucht, die wichtigsten Abiturthemen möglichst verständlich und ohne komplizierte Umwege darzulegen.

Die in diesem Buch gestellten Aufgaben sollten von den Lesern selbstständig zu lösen versucht werden und erst anschließend mit dem Lösungsanhang überprüft werden. Mathematik lernt man am ehesten durch eigenes Erarbeiten. Es kann manchmal auch sinnvoll sein, einen nicht verstandenen Lösungsweg erst nach einiger Zeit nachzuvollziehen. „Manches erledigt sich durch Warten". Dies ist im täglichen Leben, wie in der Mathematik ein hilfreiches Mittel, um Frust zu vermeiden. Anschließend sollte man sich allerdings seiner Fehler bewusst werden, um diese künftig zu vermeiden.

Viele wichtige Mathematiker und andere heute angesehene Wissenschaftler sind durchaus Irrtümern aufgesessen, die sie erst später oder auch niemals berichtigen konnten. Was heute als selbstverständlich gelehrt wird und einem Lernenden so großartig und manchmal schwierig erscheint, konnte teilweise erst nach vielen Jahren, Jahrzehnten oder gar Jahrhunderten geklärt werden. Dazu gehören Fragen zur „Quadratur des Kreises" aus dem Altertum, das „Vierfarben-Problem", welches erst im 21. Jahrhundert mithilfe von elektronischen Rechnern gelöst werden konnte, die „Goldbachsche Vermutung", die besagt, dass jede gerade Zahl, die größer als 2 ist, als Summe zweier Primzahlen geschrieben werden kann (z. B. $18 = 11 + 7$) und viele weitere noch ungelöste Fragestellungen. Gerade am Anfang der Wahrscheinlichkeitsrechnung waren manche Überlegungen, eigentlich sehr fähiger Mathematiker, mit Fehlern behaftet.

Obwohl die Mathematik für die Lösung vieler wissenschaftlicher, technischer oder wirtschaftlicher Probleme unerlässlich ist, kann nicht jede Fragestellung einer Lösung zugeführt werden. Die Erkenntnis und der anschließende mathematische Beweis der Unlösbarkeit einer Aufgabenstellung gehört zum Wesen der Mathematik. Man sollte sich daher niemals durch Aufgabenstellungen jeglicher Art entmutigen lassen, sondern versuchen alternative Lösungswege zu finden.

Das vorliegende Lehrbuch eignet sich nicht nur für die Vorbereitung der Abiturprüfung, sondern auch für Personen, die sich in die höhere Mathematik einarbeiten möchten.

I. Wahrscheinlichkeitsrechnung

1. Anfänge der Stochastik

Der Spieler Chevalier de Méré fragte im 17. Jahrhundert den Mathematiker Blaise Pascal, der von 1623 bis 1662 lebte, nach der Wahrscheinlichkeit einer Doppel-Sechs beim Werfen zweier Würfel.
Pascal war diese Frage zu simpel (siehe Beispiel B2).

Die zweite Frage bezog sich darauf, wie der Wetteinsatz zu verteilen sei, wenn ein Spiel vorzeitig abgebrochen werden muss.

Daraus entwickelte Pascal mit Pierre de Fermat die Wahrscheinlichkeitstheorie.

Kurze **Beispiele** zu den Fragen von de Méré:

B1. Wirft man einen Laplace-Würfel (idealer Würfel), so ist die Wahrscheinlichkeit eine Sechs zu würfeln $\frac{1}{6}$.

B2. Werden gleichzeitig zwei ideale Spielwürfel geworfen, so ist die Wahrscheinlichkeit eine Doppelsechs zu würfeln $\frac{1}{36}$ $\left(= \frac{1}{6} \cdot \frac{1}{6} \right)$.

B3. **Paradoxon** von Chevalier de Meré:

Wird **ein** Laplace-Würfel **viermal** geworfen, so liegt die Wahrscheinlichkeit dafür, **mindestens eine Sechs** zu würfeln **über** 50 %.

$$P(\text{mindestens eine Sechs}) = 1 - P(\text{keine Sechs}) =$$
$$= 1 - \left(\frac{5}{6}\right)^4 \approx 0{,}5177 \approx \mathbf{51{,}77}\ \%$$

Wirft man **zwei** Laplace-Würfel **24-mal** so liegt die Wahrscheinlichkeit dafür, mindestens einmal eine **Doppelsechs** zu würfeln **unter** 50 %:

$$P(\text{mindestens eine Doppelsechs}) =$$
$$= 1 - P(\text{keine Doppelsechs}) = 1 - \left(\frac{35}{36}\right)^{24} \approx$$
$$\approx 0{,}4914 \approx \mathbf{49{,}14}\ \%$$

Das Paradoxon entsteht, weil sich die Ergebnisse nicht proportional wie 4 : 6 = 24 : 36 verhalten.

Im Beispiel B3 verhalten sich die Potenzen $\left(\frac{5}{6}\right)^4 \approx 0{,}48$ und $\left(\frac{35}{36}\right)^{24} \approx 0{,}51$ aus exponentiellen Gründen ungefähr wie **48 : 51** und entsprechen damit nicht dem Verhältnis 4 : 6 = **48 : 72**.

Dem Spieler Chevalier de Méré war dies unverständlich.

Hinweis:
Im Folgenden wird als Symbol für Wahrscheinlichkeit der Buchstabe P (engl. Probability bzw. lat. Probabilitas) verwendet.

2. Grundbegriffe der Stochastik

2.1 Zufallsexperimente

Experimente sind Vorgänge, die unter gleichen Bedingungen beliebig oft wiederholbar sind:

Die einmalige Durchführung eines Experiments wird **Versuch** genannt.

Beispiele:

B4. Unter einem Druck von 1013 hPa siedet Wasser bei 100°C:

Eindeutiges Ergebnis.

B5. Ein Spielwürfel kann auf zufällige Weise sechs verschiedene Ergebnisse liefern:

Zufallsexperiment.

2.2 Ergebnisraum (Ergebnismenge)

Die Werte aller möglichen Ergebnisse eines Experiments bilden den Ergebnisraum.

Beispiel:

B6. Werfen dreier Würfel

$$
\begin{array}{ll}
\textbf{Ergebnisse}: & 111, 112, \ldots, 116 \\
& 121, 122, \ldots, 126 \\
& \downarrow \\
& 161, 162, \ldots, 166 \\
& \downarrow \\
& 211, 212, \ldots, 216 \\
& \downarrow \\
& 661, 662, \ldots, 666
\end{array}
$$

Ergebnisraum $\Omega = \{111, 112, \ldots, 666\}$

2.3 Die Mächtigkeit der Ergebnismenge

Die Anzahl aller Elemente eines Ergebnisraums heißt Mächtigkeit.

Beispiele:

B7. Welche Mächtigkeit hat der Ergebnisraums
$\Omega = \{111, 112, \ldots, 666\}$ aus Beispiel B6 ?

$$|\Omega| = 6^3 = \textbf{216 Elemente} \text{ (Ergebnisse)}$$

B8. Wie viele Ereignisse ergeben beim Werfen von **drei** Spielwürfeln die **Augensumme 10** ?

E = {136, 145, 154, 163, 226, 235, 244, 253, 262,
316, 325, 334, 343, 352, 361, 415, 424, 433,
442, 451, 514, 523, 532, 541, 613, 622, 631}

|E| = **27** Ergebnisse

Beachte:
Wie im Beispiel B8 gezeigt, lassen sich überschaubare Mächtigkeiten durch „Abzählen" bestimmen.
Im weiteren Verlauf dieser Abhandlung werden Formeln für das Bestimmen umfangreicherer Ergebnismengen entwickelt.

2.4 Ereignisse

Jede **Teilmenge** des Ergebnisraums heißt **Ereignis**.

Die leere Menge **{ }** heißt **unmögliches** Ereignis.

Die Ergebnismenge **Ω** heißt **sicheres** Ereignis.

Beispiele:

B9. Das Werfen einer 7 mit einem üblichen Spielwürfel ist ein unmögliches Ereignis { } $\subset \Omega$.

B10. Das Werfen einer ungeraden Zahl ergibt das Ereignis U = {1, 3, 5} $\subset \Omega$

3. Das Urnenmodell

3.1 Ziehen mit Zurücklegen

In der Wahrscheinlichkeitsrechnung kann es nützlich sein, sich Experimente als Ziehen von Kugeln aus einer „Urne" vorzustellen. Legt man nach jedem Zug die Kugel wieder in die Urne zurück, so ergeben sich immer wieder die gleichen Verhältnisse, wie vor dem Ziehen.

Beispiel:

B11. Aus einer Urne, die drei rote, zwei blaue und eine grüne Kugel enthält, werden **drei** Kugeln **mit** Zurücklegen gezogen:

$$E = \{rrr, rrb, rbr, rrg, rgr, rbb, rbg, rgb, rgg, bbb,$$
$$bbr, bbg, brb, bgb, brr, bgg. brg, bgr, ggg,$$
$$ggr, ggb, grg, gbg, gbb, grr, grb, gbr\}$$

$|E| = 3^3 = 27$ mögliche Ergebnisse

Jede Farbe kann wieder neu gezogen werden.

3.2 Ziehen ohne Zurücklegen

Wird die gezogene Kugel nicht wieder in die Urne zurückgelegt, so hat sich vor dem nächsten Zug der Inhalt der Urne verändert.

Beispiele:

B.12 Aus der oben abgebildeten Urne des Beispiels B11 werden **drei** Kugeln **ohne** Zurücklegen gezogen:

$$E = \{rrr, rrb, rbr, rrg, rgr, rbb, rbg, rgb, bbr, bbg,$$
$$brb, bgb, brr, brg, bgr, gbb, grr, grb, gbr\}$$

$|E| = 19$ mögliche Ergebnisse

Ohne Zurükclegen kann beispielsweise die grüne Kugel höchstens einmal gezogen werden.

B13. In einer Urne befinden sich **26** Kugeln. Es soll insgesamt **viermal** gezogen werden, wobei jede gezogene Kugel stets wieder in dir Urne zurückgelegt wird.
Wie viele Möglichkeiten der Entnahme gibt es?

$26 \cdot 26 \cdot 26 \cdot 26 = 26^4 = 456.976$ Möglichkeiten.

B14. In einer Urne befinden sich **fünf** Kugeln. **Alle** Kugeln werden **ohne** Zurücklegen gezogen. Wie viele Möglichkeiten gibt es für die Ziehung?

$5 \cdot 4 \cdot 3 \cdot 2 \cdot 1 = 120$ Möglichkeiten

4. Baumdiagramme:

Mit einem Baumdiagramm kann die Reihenfolge der Ereignisse manchmal leichter bestimmt werden.

Beispiel:

B15. Welche Kugeln waren für die Ziehung **ohne** Zurücklegen in der Urne vorhanden, die zu dem abgebildeten Baumdiagramm führten?

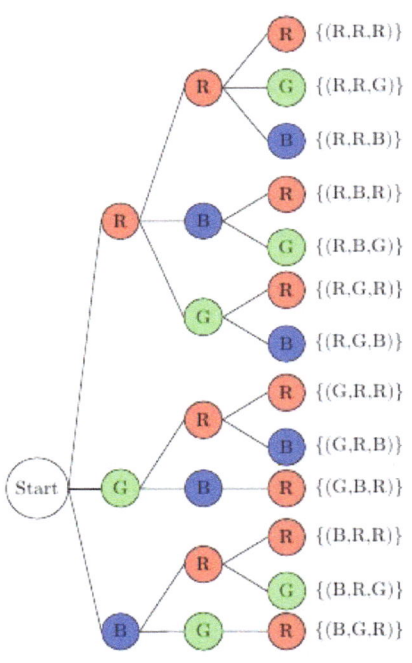

Drei rote Kugeln sowie **eine grüne** und **eine blaue** Kugel lagen vor.

Nachdem eine blaue oder eine grüne Kugel gezogen wurde, waren diese nicht mehr in der Urne vorhanden.

Beispielsweise: rbr, rbg, rgr, rgb aber nicht mehr rbb oder rgg,

Baumdiagramme sind insbesondere bei **mehrstufigen Zufallsexperimenten** nützlich.

14

Aufgaben (Lösungen aller Aufgaben ab Seite 144):

A1. In einer Tüte befinden sich sieben Bonbons. Davon sind zwei gelb und fünf rot. Nacheinander werde der Tüte drei Bonbons entnommen (ohne Zurücklegen).
  a) Skizziere ein Baumdiagramm.
  b) Wie viele Möglichkeiten gibt es, der Tüte Bonbons zu entnehmen?

A2. Der Schülerrat eines Berufskollegs besteht aus drei Jungen und zwei Mädchen. Es wird ausgelost, wer in diesem Jahr Vorsitzender und Stellvertreter wird. Zuerst wird der Vorsitzende und dann ein Stellvertreter ausgelost.
Zeichne das Baumdiagramm und gib die Ergebnismenge mit deren Mächtigkeit an.

A3. Es wird ein idealer Würfel geworfen. Werden die Augenzahlen **1, 2, 4 oder 5** gewürfelt, so wird danach eine **Münze geworfen**.
Wird eine **3** gewürfelt, so muss aus einer Urne, die drei mit **1, 2 und 3** nummerierte **Kugeln** enthält, **zweimal hintereinander** (ohne Zurücklegen) eine Kugel gezogen werden.
Bei **Ziehen einer 6** ist das Experiment **beendet**.

Skizziere das Baumdiagramm und gib den Ergebnisraum Ω mit seiner Mächtigkeit an.

5. Zusammengesetzte Ereignisse

Beispiel:

B16. Gegeben sind die Mengen A = {2, 4, 6} und
     B = {4, 5, 6}

A \ B = {2}   A „ohne" B (Differenzmenge)

B \ A = {5}   B „ohne" A (Differenzmenge)

A ∪ B = {2, 4, 5, 6} A „oder" B (Vereinigungsmenge)

A ∩ B = {4, 6}   A „und" B (Schnittmenge)

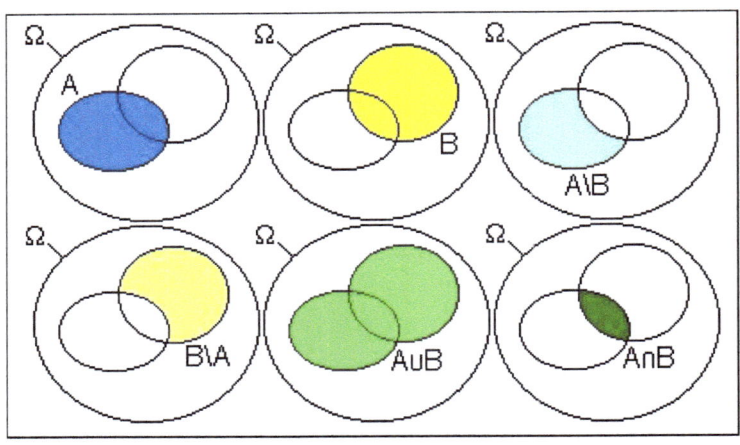

Gegenereignis: $\bar{E} = \Omega \setminus E$

16

Weitere Beispiele:

B17. Ein Spielwürfel wird **zweimal** geworfen.
Welche Augenzahlensummen können auftreten?

$\Omega = \{2,3,4,5,6,7,8,9,10,11,12\}$

Ereignis A: „Die Augensumme beträgt 10"
$A = \{10\}$

Bestimme das Gegenereignis $\overline{A}$.
$\overline{A} = \{2,3,4,5,6,7,8,9,11,12\}$

B18. Ein Würfel wird **einmal** geworfen.

$\Omega = \{1,2,3,4,5,6\}$

A: „Augenzahl ist größer als 2"
$\Rightarrow A = \{3,4,5,6\}$

B: „Augenzahl ist ungerade"
$\Rightarrow B = \{1,3,5\}$

C: „Augenzahl ist größer als 2 **und** ungerade"
$\Rightarrow C = A \cap B = \{3, 5\}$

D: „Augenzahl ist größer als 2 **oder** ungerade"
$\Rightarrow D = A \cup B = \{1. 3, 4, 5, 6\}$

17

B19. Eine Urne enthält zwei rote und drei schwarze Kugeln. Es werden nacheinander drei Kugeln ohne Zurücklegen gezogen.

$$\Omega = \{rrs, rsr.\ srr, sss, ssr, srs, rss\}$$

A: „die ersten beiden gezogenen Kugeln haben die gleiche Farbe"
$A = \{rrs, sss, ssr\}$

$\overline{A}$: Gegenereignis von A
$\overline{A} = \Omega \setminus A = \{rsr, srr, srs, rss\}$

B: „die erste und die zuletzt gezogene Kugel haben verschiedene Farben"
$B = \{rrs, srr, ssr, rss\}$

C: „spätestens nach dem dritten Zug sind alle roten Kugeln gezogen worden"
$C = \{rrs, rsr, srr\}$

D: „nach dem zweiten Zug ist noch eine rote Kugel in der Urne"
$D = \{sss, ssr, srs, rss\}$

Aufgaben:

A4. Aus einer Produktion von Prozessoren werden ohne Zurücklegen drei Stücke entnommen und registriert, ob der Prozessor defekt „0" oder in Ordnung „1" ist.
   a) Skizziere ein Baumdiagramm.
   b) Gib folgende Ereignisse an.
   A: „der erste Prozessor ist defekt"
   B: „alle Prozessoren sind in Ordnung"
   C: „nicht alle Prozessoren sind in Ordnung"
   D: „mindestens zwei Prozessoren sind in Ordnung"
   E: „höchstens zwei sind defekt"
   F: „weder der erste noch der dritte Prozessor sind defekt"
   G: „entweder der erste oder der dritte Prozessor ist defekt"

A5. Gib die zusammengesetzten Ereignisse $A \cap D$ und $A \cup F$ der Aufgabe A4 an.

A6. Die Mengen $\Omega = \{1,2,3,\ldots,30\}$, $A = \{1,2,3,\ldots,20\}$ und $B = \{11,12,13,\ldots,30\}$ sind gegeben.
Bilde die folgenden Mengen:

$E = (A \cup B) \setminus (A \cap B)$

$F = (A \cap B) \setminus (A \cup B)$

$G = (A \cup B) \setminus \overline{(A \cap B)}$

6. Regeln von De Morgan

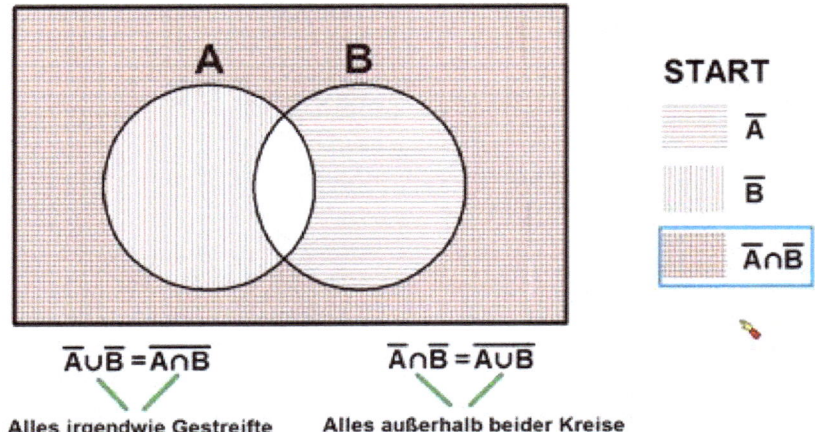

$$\overline{A \cup B} = \overline{A} \cap \overline{B}$$

$$\overline{A \cap B} = \overline{A} \cup \overline{B}$$

Alles irgendwie Gestreifte   Alles außerhalb beider Kreise

Beispiel:

B20. Zeige die Richtigkeit der Regeln von De Morgan
mit den folgenden Mengen:
$\Omega = \{0,1,2,3,\dots,10\}$
$A = \{1,2,3,4\}$ und $B = \{3,4,5,6\}$

$\overline{A \cap B} = \overline{\{\{3,4\}\}} = \{\mathbf{0,1,2,5,6,7,8,9,10}\}$
$\overline{A} \cup \overline{B} = \{0,5,6,7,8,9,10\} \cup \{0,1,2,7,8,9,10\} =$
$= \{\mathbf{0,1,2,5,6,7,8,9,10}\}$
$\Rightarrow \overline{A \cap B} = \overline{A} \cup \overline{B}$

$\overline{A} \cap \overline{B} = \{0,5,6,7,8,9,10\} \cap \{0,1,2,7,8,9,10\} =$
$= \{\mathbf{0,7,8,9,10}\}$
$\overline{A \cup B} = \overline{\{\{1,2,3,4,5,6\}\}} = \{\mathbf{0,7,8,9,10}\}$
$\Rightarrow \overline{A} \cap \overline{B} = \overline{A \cup B}$

7. Häufigkeiten

Der Begriff „Häufigkeit" soll mit dem folgenden **Beispiel** erklärt werden.

B21. Ein Sportverein listet die Jugendsportler auf:

Jugend-gruppe	absolute Häufigkeit	relative Häufigkeit	kumulierte Häufigkeit
F Jugend	53	$\frac{53}{223} =$ $= 0,2377$	$\frac{53}{223} = 0,2377$
E Jugend	37	$\frac{37}{223} =$ $= 0,1659$	$\frac{37+53}{223} = 0,4036$
D Jugend	29	$\frac{29}{223} =$ $= 0,1300$	$\frac{29+37+53}{223} =$ $= 0,5336$
C Jugend	42	$\frac{42}{223} =$ $= 0,1883$	$\frac{42+29+37+53}{223} =$ $= 0,7220$
B Jugend	35	$\frac{35}{223} =$ $= 0,1570$	$\frac{35+42+29+37+53}{223} =$ $= 0,8789$
A Jugend	27	$\frac{27}{223} =$ $= 0,1211$	$\frac{27+35+42+29+37+53}{223} =$ $= 1,0000$
Summe	**223**	**1,0000**	

Zu B21.

Absolute Häufigkeit:
Von 223 Sportlern des Beispiels B21 gehören 53 der F-Jugend an. Ein absoluter Wert.

Relative Häufigkeit:
$h(F) = \frac{53}{223} \approx 0,2377$; im Verein gehören 23,77 % der Jugendlichen zur F-Jugend.

Kumulierte Häufigkeit (lat. cumulus – anhäufen):
$H_{FED} = \frac{53 + 37 + 29}{223} = 0,5336$
In der F-, E- und D-Jugend befinden sich 53,36 % der Jugendlichen des Vereins.

Aufgaben:

A7. Ein Sportverein hat 964 Mitglieder.
Davon sind 486 Fußballspieler, 232 Leichtathleten und 148 Tennisspieler. Berechne die relativen Häufigkeiten dieser Sportarten im Verein.

A8. 800 Personen wurden bezüglich der Nutzung von Online-Angeboten befragt. Die relative Häufigkeit der Internet-Bank-Nutzer beträgt 0,64, die Häufigkeit der Nutzer von sozialen Medien beträgt 0,78.
Berechne die absolute Häufigkeit dieser Nutzergruppen.

A9. Ein Viertel aller Schüler einer Klasse besitzt einen Hund, die Hälfte der Schüler hat eine Katze. Kein Schüler besitzt beide Haustiere. Ermittle den Anteil der Schüler, die keines dieser Haustiere haben.

A10. In einem Hörsaal sitzen 150 Studenten. 110 von ihnen sprechen nur Englisch, 20 nur Französisch und 15 sprechen beide Sprachen.
a) Wie groß ist die relative Häufigkeit der Studenten, die mindestens eine der beiden Sprachen sprechen?
b) Wie groß ist die relative Häufigkeit der Studenten, die keine der beiden Sprachen sprechen?

8. Die Vierfeldertafel

Die Vierfeldertafel ist ein Hilfsmittel der Stochastik, um Zusammenhänge zwischen zwei Ereignissen darzustellen. Man kann Häufigkeiten oder Wahrscheinlichkeiten verwenden.

A und B bezeichnen zwei Ereignisse, während $\overline{A}$ und $\overline{B}$ ihre Gegenereignisse darstellen.

	A	$\overline{A}$	
B	$h(A \cap B)$	$h(\overline{A} \cap B)$	$h(B)$
$\overline{B}$	$h(A \cap \overline{B})$	$h(\overline{A} \cap \overline{B})$	$h(\overline{B})$
	$h(A)$	$h(\overline{A})$	1

1. Jede absolute Häufigkeit in der untersten Zeile ist die Summe der beiden darüberstehenden Häufigkeiten.
2. Jede absolute Häufigkeit in der letzten Spalte ist die Summe der beiden linksstehenden Häufigkeiten.
3. Die letzte Zeile und die letzte Spalte müssen jeweils in der Summe die Zahl 1 ergeben.

Hinweis:
Werden Prozentwerte verwendet, so ergibt die Summe in der rechten untersten Zeile 100 %.

Beispiel:

B22. 14 Mädchen und 12 Jungen einer Schulklasse nahmen an einem Test teil. Zu den 18 Schülern, die den Test bestanden haben, gehören 10 Mädchen. Mit welcher Wahrscheinlichkeit hat ein Schüler den Test nicht bestanden und ist gleichzeitig ein Mädchen?

Insgesamt befinden sich 26 Schüler in der Klasse. Die Wahrscheinlichkeit P für jedes Ereignis ist dessen relative Häufigkeit.

M: Mädchen; B: Test bestanden; $\overline{M}$: Junge; $\overline{B}$: nicht bestanden

	M	$\overline{M}$	
B	$P(M \cap B)$	$P(\overline{M} \cap B)$	$P(B)$
$\overline{B}$	$P(M \cap \overline{B})$	$P(\overline{M} \cap \overline{B})$	$P(\overline{B})$
	$P(M)$	$P(\overline{M})$	1

Aus dem Test ergeben sich folgende Werte:
$P(M) = \frac{14}{26} = \frac{7}{13}$
$P(\overline{M}) = \frac{12}{26} = \frac{6}{13}$

$P(B) = \frac{18}{26} = \frac{9}{13}$; $P(\overline{B}) = \frac{8}{26} = \frac{4}{13}$

	M	$\overline{M}$	
B	$\frac{5}{13}$	$P(\overline{M} \cap B)$	$\frac{9}{13}$
$\overline{B}$	$P(M \cap \overline{B})$	$P(\overline{M} \cap \overline{B})$	$\frac{4}{13}$
	$\frac{7}{13}$	$\frac{6}{13}$	1

$P(M \cap B) = \frac{10}{26} = \frac{5}{13}$
Mädchen bestanden

24

Zu B22.

Die fehlenden Werte lassen sich gemäß der oben beschriebenen Regeln bestimmen:

$$P(\overline{M}\cap B) = \frac{9}{13} - \frac{5}{13} = \frac{4}{13}$$

$$P(M\cap\overline{B}) = \frac{7}{13} - \frac{5}{13} = \frac{2}{13}$$

	M	$\overline{M}$	
B	$\frac{5}{13}$	$\frac{4}{13}$	$\frac{9}{13}$
$\overline{B}$	$\frac{2}{13}$	$\frac{2}{13}$	$\frac{4}{13}$
	$\frac{7}{13}$	$\frac{6}{13}$	1

$$P(M\cap\overline{B}) = \frac{7}{13} - \frac{5}{13} = \frac{2}{13}$$

Mit der Wahrscheinlichkeit $\frac{2}{13}$ hat ein Schüler den Test nicht bestanden und ist gleichzeitig ein Mädchen

Aufgabe:

A11. Die Bundesbahn hat eine Umfrage unter den Reisenden durchgeführt, die ergab, dass 10 % der Fahrgäste in der ersten Klasse reisen. Zusätzlich konnte festgestellt werden, dass 80 % der Reisenden der zweiten Klasse mit der Bahn zufrieden sind. Allerdings sind 60 % der Fahrgäste in der ersten Klasse mit den Zuständen in der Bahn unzufrieden.
a) Stelle eine Vierfeldertafel auf.
b) Im Vorjahr waren 75 % zufrieden. Ergibt die Umfrage, dass sich der Zufriedenheitswert verbessert hat?
c) Zwei Jahre zuvor waren angeblich 85 % von den 90 % der Reisenden zweiter Klasse zufrieden und sogar 50 % der Fahrgäste der ersten Klasse.
Erstelle eine Vierfeldertafel für das vorletzte Jahr.

9. Gesetz der großen Zahlen

Wird ein Zufallsexperiment stets unter denselben Bedingungen durchgeführt, so nähert sich die relative Häufigkeit immer mehr der Wahrscheinlichkeit des Zufallsexperiments an.

Die durchschnittliche Augenzahl eines Spielwürfels ist

$$\mu = \frac{1+2+3+4+5+6}{6} = \frac{21}{6} = 3,5$$

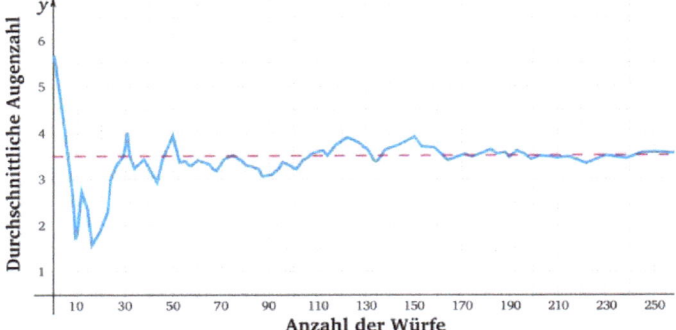

Wirft man den Würfel lange genug, so wird der Wert von 3,5 erreicht (siehe Abbildung).

Hätte man Geduld und genug Geld, so könnte man beim Roulette auf „Zahl" setzen und die Kugel würde spätestens nach 37 Durchgängen „wahrscheinlich" in die Senke dieser Zahl fallen.

Beispiele:

B23.

In der deutschen **Sprache** liegt die relative Häufigkeit des Buchstabens E bei 17,4 %, die von N bei 9,8 % und von I bei ungefähr 7,6 %.

Auch in der englischen Sprache ist der Buchstabe E mit 12,7 % der häufigste. Der zweithäufigste Buchstabe ist jedoch das T mit 9,1 %, gefolgt vom Buchstaben A mit 8,2 % Häufigkeit.

Der Buchstabe Y kommt in englischen Texten mit fast 2 % etwa fünfzigmal häufiger vor als im Deutschen mit nur 0,04 % Häufigkeit.

In **genügend langen** deutschen oder englischen Texten werden die oben genannten Werte annähernd erreicht.

Die Bestätigung dieser Häufigkeiten ist allerdings sehr mühsam und nur mit elektronischen Hilfsmitteln zu bestimmen.

Leichter überprüfen lassen sich die Häufigkeiten dagegen beim **Münzwurf**.

B53.

Wenn man eine Münze viermal wirft, könnte beispielsweise „Zahl" dreimal und „Kopf" einmal erscheinen. Aus diesen wenigen Würfen ergeben sich die relativen Häufigkeiten h(Z) = 0,75 und h(K) = 0,25.

Bei sehr vielen Würfen mit „idealen" Münzen werden sich die Werte jedoch den relativen Häufigkeiten h(Z) = h(K) = **0,5** angleichen.

Es sind also stets sehr viele Versuche erforderlich, um Häufigkeiten annähernd genau zu bestimmen.

10. Die Wahrscheinlichkeit

Definition:

Jedem Ereignis e_i eines Zufallsexperiments
$S = \{e_1, e_2, e_3, \ldots ,e_n\}$ wird eine **reelle Zahl P(e$_i$)** so
zugeordnet, dass folgende Voraussetzungen gelten:

(1) $0 \leq P(e_i) \leq 1$ (für alle i)
(2) $P(e_1) + P(e_2) + P(e_3) + \ldots + P(e_n) = 1$

Gelten die Bedingungen (1) und (2), so nennt man diese
Werte **P(e$_i$) Wahrscheinlichkeiten der Ergebnisse e$_i$**.

P: $e_i \rightarrow P(e_i)$ heißt **Wahrscheinlichkeitsverteilung**

Die Summe aller Werte der
Wahrscheinlichkeitsverteilung muss die Zahl **1** ergeben.

$P(\{ \}) = 0$ **unmögliches** Ereignis

$P(\Omega) = 1$ **sicheres** Ereignis

$P(A) = 1 - P(\overline{A})$
Berechnung über das **Gegenereignis** ist oft sinnvoll.

Beispiel:

B25. Beim gleichzeitigen Werfen **zweier Spielwürfel** ergeben sich 36 Elementarereignisse.

Zum Beispiel: (1;1), (4;5), (6;3), (6;6) usw.

Jedem dieser Würfelpaare wird nun über eine **Zufallsvariable** X die **Augensumme** zugeordnet:

$$P(X = 2) = \frac{1}{36}$$

$$P(X = 9) = \frac{4}{36}$$
[da (3;6), (6;3), (4;5) und (5;4) möglich sind]

$$P(X = 7) = \frac{6}{36}$$
[mit (1;6), (6;1), (2;5), (5;2), (3;4), (4;3)]

usw.

e_i	2	3	4	5	6	7	8	9	20	11	12
$P(X=e_i)$	$\frac{1}{36}$	$\frac{2}{36}$	$\frac{3}{36}$	$\frac{4}{36}$	$\frac{5}{36}$	$\frac{6}{36}$	$\frac{5}{36}$	$\frac{4}{36}$	$\frac{3}{36}$	$\frac{2}{36}$	$\frac{1}{36}$

$$0 < P(X = e_i) < 1$$

$$\frac{1}{36} + \frac{2}{36} + \frac{3}{36} + \ldots + \frac{2}{36} + \frac{1}{36} = \frac{36}{36} = 1$$

Damit liegt eine **Wahrscheinlichkeitsverteilung** vor.

Aufgaben:

A12.
Bei einem Glücksrad mit den Feldern 1, 2, 3, 4 und 5 treten alle ungeraden Felder mit gleicher Häufigkeit auf, das Feld 4 erreicht die Häufigkeit 0,1 und das Feld 2 kommt dreimal so oft vor wie das Feld 3.
   a) Gib eine Wahrscheinlichkeitsverteilung an.
   b) Ist es günstiger auf das Ereignis „gerade Zahl" oder auf „ungerade Zahl" zu setzen?
   c) Pro Drehung werden 2 € verlangt. Tritt eine ungerade Zahl auf, so erhält man 4 €.
   Lohnt es sich zu spielen?

A13. Für zwei Ereignisse E und F gilt:
    $P(\overline{E}) = 0{,}1$
    $P(\overline{F}) = 0{,}3$
    $P(E \text{ oder } F) = 0{,}92$.
    Mit welcher Wahrscheinlichkeit treten die beiden Ereignisse E und F gleichzeitig ein?

10.1 Die Laplace-Wahrscheinlichkeit

Bei einem Spielwürfel ist die Wahrscheinlichkeit, dass eine bestimmte Zahl gewürfelt wird, für alle Augenzahlen gleich.

Daher spricht man hier von einem **Laplace-Experiment**. Einen solchen Würfel bezeichnet man als idealen Würfel oder Laplace-Würfel.

$$P(A) = \frac{|A|}{|\Omega|}$$

$$P(A) = \frac{\text{"Anzahl der Ergebnisse bei denen das Ereignis A eintritt"}}{\text{"Anzahl aller möglichen Ergebnisse"}}$$

Beispiele:

B26.
P(„Augensumme 5 beim Werfen zweier Spielwürfel")

$$P(A) = \frac{4}{36} = \frac{1}{9}$$

mit A = {(1|4), (4|1), (2|3), (3|2)}

4 „günstige" von 36 möglichen Ergebnissen

B27. In einer Urne befinden sich zehn Kugeln mit den Nummern 1 bis 10.

a) P(„die Zahl auf der gezogenen Kugel ist eine Quadratzahl") $= \frac{3}{10}$
mit Q = {1, 4, 9}

b) P(„die Zahl auf der Kugel ist größer als 9") $= \frac{1}{10}$

c) P(„die Zahl auf der Kugel ist eine Primzahl") $= \frac{4}{10}$
mit Z = {2,3,5,7}

B28. In einer **fünf**stelligen PIN (Persönliche Identifikations-Nummer) soll **jede Ziffer nur einmal** vorkommen und die Null nicht an erster Stelle stehen, damit eine „echte" fünfstellige Zahl vorliegt.

a) Mit welcher Wahrscheinlichkeit ist die PIN eine **gerade** Zahl?

Die Endziffer EZ muss null oder gerade sein: **EZ = {0,2,4,6,8}**.

(1) Steht die **Null an der letzten Stelle**, so kann für die erste Ziffer aus neun Ziffern, für die zweite Stelle nur noch aus acht, für die dritte Stelle noch aus sieben und für die vierte Stelle noch aus sechs verbliebenen Ziffern gewählt werden. Die Null war ja als letzte Ziffer festgelegt worden:

$$9 \cdot 8 \cdot 7 \cdot 6 \cdot 1 = 3.024 \text{ Möglichkeiten.}$$

(2) Die **zweite mögliche Zahl** kann an der ersten Stelle weder die Null (sonst keine fünfstellige Zahl), noch die Null als letzte gerade Ziffer enthalten (wegen Möglichkeit (1)). Daher muss eine gerade Ziffer außer der Null für die letzte Stelle vergeben werden, weshalb nur acht Ziffern für die erste Stelle der PIN möglich sind. Für die zweite Stelle kann nun wieder die Null verwendet werden, womit dafür acht Ziffern verfügbar sind. Für die dritte Stelle bleiben noch sieben Ziffern, für die vierte sechs Ziffern und für die letzte Stelle vier **gerade** Ziffern (ohne die Null) zur Verfügung:

$$8 \cdot 8 \cdot 7 \cdot 6 \cdot 4 = 10.752 \text{ Möglichkeiten.}$$

Zu B28. a)

(3) Für **sämtliche Zahlenkombinationen** (Nenner) mit
verschiedenen Ziffern ergeben sich
$9 \cdot 9 \cdot 8 \cdot 7 \cdot 6 = 27.216$ Möglichkeiten.
Die erste Ziffer darf keine Null sein, weil sonst keine
fünfstellige Zahl vorläge, weshalb dafür nur neun
Ziffern verfügbar sind.

$$P(\text{„PIN ist gerade"}) = \frac{9 \cdot 8 \cdot 7 \cdot 6 \cdot 1 + 8 \cdot 8 \cdot 7 \cdot 6 \cdot 4}{9 \cdot 9 \cdot 8 \cdot 7 \cdot 6} =$$

$$= \frac{3024 + 10752}{27216} = \frac{13776}{27216} = \frac{41}{81} \approx 0{,}5062 \approx \mathbf{50{,}6\ \%}$$

Mit **50,6 %** Wahrscheinlichketi ist die fünfstellinge
PIN eine gerade Zahl.

b) Mit welcher Wahrscheinlichkeit ist die fünfstellige
Zahl mit lauter verschiedenen Ziffern **durch 5
teilbar**?

Hier muss die Endziffer 0 oder 5 sein, weshalb auch
hier zwei „günstige" Zahlen unterschieden werden.

(1) Hat eine Zahl die **Null als letzte Ziffer**, stehen für die
erste Stelle neun Ziffern zur Verfügung, für die
zweite Stelle noch acht usw. wie in Aufgabe (a):
$9 \cdot 8 \cdot 7 \cdot 6 \cdot 1$ Möglichkeiten.

(2) Eine andere günstige Zahl hat die **5 am Ende** und
daher stehen für die erste Stelle acht Ziffern (ohne 0
und 5) und für die letzte Stelle nur die Ziffer 5 zur
Verfügung. Für die zweite Stelle kann aus acht
Ziffern, für die dritte aus sieben und für die vierte
Ziffer aus sechs Ziffern gewählt werden:
$8 \cdot 8 \cdot 7 \cdot 6 \cdot 1$ Möglichkeiten

Zu B28. b)

$$P(\text{„PIN ist durch 5 teilbar“}) = \frac{9 \cdot 8 \cdot 7 \cdot 6 \cdot 1 \ + \ 8 \cdot 8 \cdot 7 \cdot 6 \cdot 1}{9 \cdot 9 \cdot 8 \cdot 7 \cdot 6} =$$
$$= \frac{3024 + 2688}{27216} = \frac{17}{81} \approx 0{,}2099 \approx \mathbf{21\,\%}$$

Mit 21 % Wahrscheinlichkeit ist die PIN durch 5 teilbar.

Aufgaben:

A14. Mit welcher Wahrscheinlichkeit ist eine beliebige fünfstellige Zahl durch 5 teilbar?

A15. In einer Urne befinden sich je sechs rote, grüne und blaue Kugeln, die jeweils von 1 bis 6 durchnummeriert sind. Berechne die folgenden Wahrscheinlichkeiten:
    a) es wird eine rote Kugel gezogen.
    b) es wird eine Kugel mit gerader Zahl gezogen.
    c) die gezogene Kugel ist rot oder grün.

A16. Aus den sechs Buchstaben des Wortes „SCHULE“ soll ein neues (nicht unbedingt sinnvolles) Wort gebildet werden. Mit welcher Wahrscheinlichkeit
    a) enthält es nur Vokale,
    b) enthält es nur Konsonanten
    c) beginnt es mit einem Vokal,
    d) erhält man ein Wort mit vier Buchstaben aus zwei
        Konsonanten und zwei Vokalen

A17. Aus einer Gruppe von vier Vereinsmitgliedern T, E, A und M sollen der Vorsitzende und sein Stellvertreter gewählt werden.

a) Mit welcher Wahrscheinlichkeit wird A Vorsitzender und E Stellvertreter?

b) Mit welcher Wahrscheinlichkeit werden A **und** E gewählt.

c) Mit welcher Wahrscheinlichkeit wird A nicht gewählt?

A18. In der Abiturprüfung ist nur jeweils eine der zwei gegebenen Aufgaben aus den drei Fachgebieten Analysis (1|2), Geometrie (3|4) und Stochastik (5|6) zu bearbeiten. Der Kursleiter wählt aus jedem Fach genau eine Aufgabe aus.

a) Mit welcher Wahrscheinlichkeit wählt der Kursleiter Aufgabe 4 aus?

b) Mit welcher Wahrscheinlichkeit müssen die Schüler die Aufgaben 2 **und** 5 bearbeiten?

c) Mit welcher Wahrscheinlichkeit wird die Aufgabe 2 **oder** die Aufgabe 6 gewählt?

A19. Aus einem 52-Kartenspiel wird eine Karte gezogen. Es gibt 13 rote Herz-Karten, 13 rote Karo-Karten, 13 schwarze Pik-Karten, 13 schwarze Kreuz-Karten.

Zu jeder Farbe gibt es jeweils neun Zahlenkarten von 2 bis 10 sowie die vier Bildkarten Bube, Dame, König und Ass. Mit welcher Wahrscheinlichkeit wird

a) ein Ass gezogen

b) ein Herz-Ass gezogen

c) eine Herz-Karte gezogen

d) eine Herz- **oder** Ass-Karte gezogen

e) weder eine Herz- noch eine Ass-Karte gezogen?

A20. In einer Urne U befinden sich vier Kugeln mit den Nummern 1, 2, 3, 4. Eine Schale S enthält fünf Kugeln mit den Nummern 1, 2, 3, 4, 5.

Mit der linken Hand wird eine Kugel aus der Urne und mit der rechten Hand eine Kugel aus der Schale gezogen.

a) Welche Summen der Kugelnummern sind möglich?

b) Mit welcher Wahrscheinlichkeit erhält man die Summe 7 ?

A21. Ein Ikosaeder trägt auf den zwanzig gleichseitigen Dreiecksflächen zweimal 1, viermal 2, sechsmal 3 und achtmal 4.

a) Gib eine Wahrscheinlichkeitsverteilung an.

b) Wie verhält sich eine Wette Augenzahl ist Primzahl zu Augenzahl ist keine Primzahl?

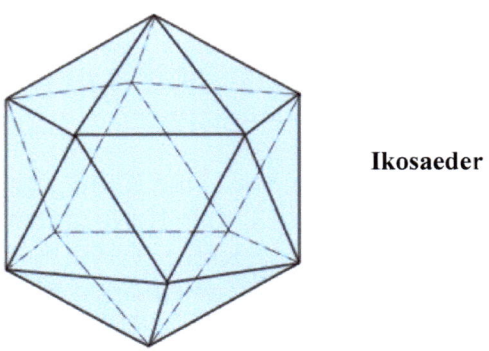

Ikosaeder

10.2 Produktregel

Wenn eine bestimmte Anzahl von Entscheidungen nacheinander getroffen werden soll, so steht bei jeder dieser Stufen eine bestimmte Anzahl von Möglichkeiten zur Auswahl:

$$n_1 \cdot n_2 \cdot n_3 \cdot \ldots \cdot n_k \text{ Möglichkeiten}$$

Beispiele:

B29. Bei der Fernsehsendung „Wer wird Millionär?"
muss man aus vier vorgegebenen Antworten die richtige auswählen.
Mit welcher Wahrscheinlichkeit gewinnt man eine Million, wenn man bei jeder der insgesamt fünfzehn Fragen, die Antwort lediglich zu erraten versucht?

$$\frac{1}{4} \cdot \frac{1}{4} \cdot \frac{1}{4} \cdot \ldots \cdot \frac{1}{4} = \left(\frac{1}{4}\right)^{15} \approx \mathbf{0,000.000.000.93}$$

B30. Ein Skatblatt besteht aus den folgenden Karten:
8 rote Herz-Karten
8 rote Karo-Karten
8 schwarze Pik-Karten
8 schwarze Kreuz-Karten
In jeder Farbe gibt es jeweils vier Zahlenkarten von 7 bis 10 sowie die vier Bildkarten Bube, Dame, König und Ass.

Aus den 32 Karten werden **drei** Karten gezogen.

37

Zu B30.

a) Wie viele Möglichkeiten gibt es **drei rote** Karten zu
   ziehen?

   Gesamtzahl aller Möglichkeiten:
   Mit Zurücklegen:
   $32 \cdot 32 \cdot 32 = 32.768$ Möglichkeiten
   Ohne Zurücklegen:
   $32 \cdot 31 \cdot 30 = 29.780$ Möglichkeiten

   Anzahl der **günstigen** Möglichkeiten:
   Mit Zurücklegen:
   $16 \cdot 16 \cdot 16 = 4.096$ Möglichkeiten
   Ohne Zurücklegen:
   $16 \cdot 15 \cdot 14 = 3.360$ Möglichkeiten

   Wahrscheinlichkeiten:
   Mit Zurücklegen:　$P(rot) = \frac{16 \cdot 16 \cdot 16}{32 \cdot 32 \cdot 32} = \mathbf{0,125}$

   Ohne Zurücklegen: $P(rot) = \frac{16 \cdot 15 \cdot 14}{32 \cdot 31 \cdot 30} = \mathbf{0,113}$

b) Wie wahrscheinlich ist es **drei gleichfarbige** Karten,
   also drei rote **oder** drei schwarze Karten zu ziehen?

   Mit Zurücklegen:
   $P(gF) = \frac{16 \cdot 16 \cdot 16 + 16 \cdot 16 \cdot 16}{32 \cdot 32 \cdot 32} = \frac{12.288}{32.768} = \mathbf{0,375}$

   Ohne Zurücklegen:
   $P(gF) = \frac{16 \cdot 15 \cdot 14 + 16 \cdot 15 \cdot 14}{32 \cdot 31 \cdot 30} = \frac{6.720}{29.780} \approx \mathbf{0,226}$

Hinweis:

Wenn Ereignisse nacheinander möglich sind, also z. B. rot „**und**" schwarz, so werden die Wahrscheinlichkeiten der Ereignisse durch **Multiplikation** verknüpft.
Siehe Gesamtzahl der Möglichkeiten in den Nennern des Beispiels B30.

Ist das eine Ereignis „**oder**" das andere Ereignis möglich, zum Bespiel rot **oder** schwarz, so werden die Wahrscheinlichkeiten der Ereignisse **addiert**.
Dies ist in den Zählern des Beispiels B30 (b) erkennbar.

Aufgaben:

A22. Auf einer Speisekarte stehen 16 Vorspeisen, 20 Hauptgerichte und 8 Nachspeisen zur Auswahl.
  a) Wie viele verschiedene Dreigänge-Menüs sind möglich?
  b) Wie viele verschiedene Dreigänge-Menüs kommen für einen Vegetarier infrage, wenn für ihn nur jedes vierte Gericht genießbar ist?

A23. Bei einer Tombola werden unter 100 Personen eine Reise, ein Fahrrad, ein Smartphone und ein Buch verlost. Wie viele Möglichkeiten gibt es
  a) wenn jeder Ausgeloste höchstens einen Gewinn erhalten darf?
  b) wenn auch Mehrfachgewinne möglich sind

A24. Zu einem Junggesellenabschied werden 10 Freunde eingeladen. Wie viele Begrüßungsmöglichkeiten hat der Gastgeber, wenn er jeden Eingeladenen per Handschlag willkommen heißen möchte?

A25. Abituraufgabe

Der Torwart von FCX hält einen Strafstoß mit einer Wahrscheinlichkeit von 0,15. Im Training wird zwanzigmal auf sein Tor geschossen.

Berechne die Wahrscheinlichkeiten für:

A: Der dritte Ball ist der erste, den er hält.

B: Er hält genau drei Bälle.

10.3 Additionssatz

Sind Ereignisse **disjunkt**, d. h. sie **schließen sich gegenseitig aus** (ihr **Durchschnitt** ist **leer**: $A \cap B = \{\ \}$), so lassen sich die Einzelwahrscheinlichkeiten addieren:

$P(A \text{ oder } B) = P(A \cup B) = P(A) + P(B).$

Beispiel:

B31. Beim Werfen eines Spielwürfels sind die Ereignisse disjunkt, d. h. jeder Wurf wird vom nächsten nicht beeinflusst:

A: "Augenzahl ist gerade"
$P(A) = \frac{3}{6}$

B: "Augenzahl ist 3 **oder** 5"
$P(B) = \frac{1}{6} + \frac{1}{6} = \frac{2}{6} = \frac{1}{3}$

C: "die Augenzahl ist gerade **oder** „3 oder 5":
$P(C) = \frac{3}{6} + \frac{2}{6} = \frac{5}{6}$

10.4 Unabhängigkeit

Ereignisse sind genau dann **stochastisch unabhängig**, wenn das Eintreten des einen Ereignisses, das Eintreten des anderen Ereignisses nicht beeinflusst.

Gilt der Zusammenhang

$$\boxed{P(A \cap B) = P(A) \cdot P(B)},$$

so sind die Ereignisse A und B stochastisch **unabhängig**. Ist diese Gleichung **nicht erfüllt**, so heißen die Ereignisse stochastisch **abhängig**.

Die **Schnittmenge** unabhängiger Ereignisse kann also **nicht leer** sein, da sich mit $A \cap B = \{\ \}$ zwangsläufig, gemäß der Produktregel $P(A \cap B) = 0$ ergebem würde und die Wahrscheinlichkeit mindestens eines Ereignisses Null sein müsste.

Beispiele:

B32. Bei einmaligem Werfen eines Spielwürfels werden zwei Ereignisse betrachtet:
A: „Gerade Augenzahl" $\Rightarrow A = \{2,4,6\}$
B: „Augenzahl ist durch 3 teilbar" $\Rightarrow B = \{3;6\}$
$A \cap B = \{6\}$
$P(A) = \frac{3}{6}$; $P(B) = \frac{2}{6}$; $P(A \cap B) = \frac{1}{6}$
$\mathbf{P(A) \cdot P(B)} = \frac{3}{6} \cdot \frac{2}{6} = \frac{1}{6} = \mathbf{P(A \cap B)} \Rightarrow$
Die Ereignisse A und B sind stochastisch **unabhängig**.

B33. Bei einmaligem Werfen eines Spielwürfels
interessieren nun folgende Ereignisse:
A: „Gerade Augenzahl" $\Rightarrow$ A = {2,4,6}
B: „Augenzahl ist größer als 3" $\Rightarrow$ B = {4;5;6}
A∩B = {4;6}
$P(A) = \frac{3}{6} = \frac{1}{2};\ P(B) = \frac{3}{6} = \frac{1}{2};\ P(A\cap B) = \frac{2}{6} = \frac{1}{3}$
$P(A\cap B) = \frac{1}{3} \neq P(A)\cdot P(B) = \frac{1}{4}\ \Rightarrow$
Die Ereignisse A und B sind stochastisch **abhängig**

Sind zwei Ereignisse A und B voneinander **unabhängig**,
so muss der **Additionssatz** wie folgt geschrieben werden,
da der Schnitt der beiden Mengen nicht leer ist:

$$\boxed{P(A\cup B) = P\,(A) + P\,(B) - P\,(A)\cdot P(B)}$$

Beispiele:

B34. Es wird **zweimal** gewürfelt.
Die Ereignisse
A: „6 beim ersten Wurf"
B: „6 beim zweiten Wurf"
sind voneinander **unabhängig**, da sich die beiden
Ereignisse gegenseitig nicht beeinflussen.
Wie groß ist die Wahrscheinlichkeit, dass bei zwei
Würfen **mindestens einmal eine Sechs** gewürfelt
wird?

$P(A\ \text{oder}\ B) = P(A) + P(B)\ -\ P(A\cap B) =$
$= P\,(A) + P\,(B) - P\,(A)\cdot P(B) =$
(wegen Unabhängigkeit)
$= \frac{1}{6} + \frac{1}{6}\ -\ \frac{1}{6}\cdot\frac{1}{6} = \frac{2}{6}\ -\ \frac{1}{36} = \frac{11}{36}$

B35. Laut Wetterprognose soll es am Samstag mit einer Wahrscheinlichkeit von 50 % schneien und am Sonntag soll es mit einer Wahrscheinlichkeit von 80 % schneien.
Wie groß ist die Wahrscheinlichkeit, dass es am Wochenende zumindest einmal schneit?

Als Ereignisse kann man definieren:
A: „es schneit am Samstag"
B: „es schneit am Sonntag"

Die beiden Ereignisse sind unabhängig, daher gilt: $P(A \cap B) = 0{,}5 \cdot 0{,}8 = 0{,}4$

P (A oder B) = P (A) + P (B) − (P und B) =
= 0,5 + 0,8 − 0,4 = **0,9**.

Die Chancen, dass es am Wochenende (zumindest einmal) schneit sind also 90 %.

B36. Bei einem Spielwürfel seien Primzahlen A = {2,3,5} und ungerade Zahlen B = {1,3,5} interessant.
Wie groß ist die Wahrscheinlichkeit, dass eine Primzahl **oder** eine ungerade Zahl gewürfelt wird?

$$P(A \cap B) = P(\{3,5\}) = \frac{2}{6}$$

$$P(\text{A oder B}) = \frac{3}{6} + \frac{3}{6} - \frac{2}{6} = \frac{6}{6} - \frac{2}{6} = \frac{4}{6} =$$
$$= \frac{2}{3} \approx \mathbf{66,7}\,\%$$

Beachte:

Die reine Addition wäre P(A) + P(B) = 1. Die „3" und die „5" würden hier doppelt gezählt. Daher muss die Wahrscheinlichkeit für die Ergebnisse, welche doppelt gezählt würden, wieder abgezogen werden.
Diese doppelten Ergebnisse bilden A∩B = {3,5}.

Aufgaben:

A26. Wie groß ist die Wahrscheinlichkeit mit zwei Spielwürfeln erst eine Sechs **oder** im zweiten Wurf eine Sechs zu werfen?

A27. Auf den Flächen **dreier** Tetraeder befinden sich die Zahlen 1, 2. 3 und 4. Die drei Tetraeder werden geworfen. Ein Spieler gewinnt, wenn folgende Ereignisse eintreten:
A: „drei gleiche Augenzahlen"
B: „mindestens eine Vier"
C: Wie groß ist die Wahrscheinlichkeit, dass man drei gleiche Augenzahlen (A) erhält **oder** mindestens eine Vier (B)?
D: „mindestens 11 als Augensumme"

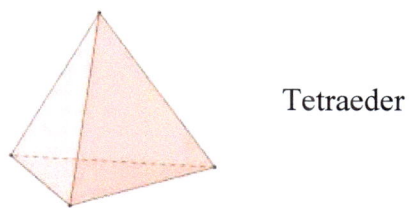

Tetraeder

11. Kombinatorik

11.1 Permutationen

Werden aus einer Urne mit n Kugeln **alle** n Kugeln **ohne Zurücklegen** gezogen, so gibt es

$$n! = n \cdot (n-1) \cdot (n-2) \cdot \ldots \cdot 3 \cdot 2 \cdot 1 \text{ Möglichkeiten.}$$

Hinweis:

Das Ausrufezeichen **!** wird in der Mathematik mit dem Begriff „**Fakultät**" benannt und bedeutet die Multiplikation aller Zahlen, die von der unter n! benannten Zahl n ausgehen und um jeweils 1 vermindert werden, bis zur Endzahl 1.

Zum Beispiel: $5! = 5 \cdot 4 \cdot 3 \cdot 2 \cdot 1 = 120$

Beispiele:

B37. Vier Damen und vier Herren sitzen auf einer Bank. Wie viele Möglichkeiten der Anordnung gibt es?

$8! = 40.320$ Möglichkeiten

B38. Wie viele Möglichkeiten gibt es, wenn die Damen und die Herren nach Geschlechtern getrennt nebeneinander sitzen?

$4! \cdot 4! = 576$ Möglichkeiten

Aufgaben:

A28. Bei dem Spiel „Spektrum" wählt man Karten aus,
auf die jeweils die Spektralfarben rot, orange, gelb,
grün, blau und violett in verschiedener Reihenfolge
aufgedruckt sind.
Wie viele unterschiedliche Karten sind möglich?

A29. 13 Schüler sollen im Sportunterricht auf einer
langen Bank Platz nehmen.
Wie viele Möglichkeiten gibt es für die Platzierung
aller Schüler?

11.2 Permutationen mit Wiederholung

Sind in einer Urne mit n Kugeln jeweils k_1, k_2, ... , k_n Kugeln gleich, so gibt es

$$\frac{n!}{k_1! \cdot k_2! \cdot ... \cdot k_n!}$$

Möglichkeiten Kugeln **ohne Zurücklegen** zu ziehen.

Beispiel:

B39. In einer Urne befinden sich drei rote, zwei grüne und eine blaue Kugel.
Wie viele Möglichkeiten gibt es, die Kugeln in einer Reihe anzuordnen?

$$\frac{6!}{3! \cdot 2! \cdot 1!} = \textbf{60} \text{ Möglichkeiten}$$

Aufgabe:

A30. Wie viele verschiedene neunziffrige PIN (Persönliche Identifikations-Nummern) gibt es, wenn man viermal die Eins, dreimal die Zwei und zweimal die Drei verwendet?

11.3 Variation mit Wiederholung

In einer Urne befinden sich n Kugeln. Es wird k-mal **mit Zurücklegen** gezogen. Dabei ergeben sich

n^k Möglichkeiten

Beispiel:

B40. Beim Fußball-Toto können die Ziffern 0 für Unentschieden, 1 für Sieg der Heimmannschaft und 2 für einen Auswärtssieg getippt werden.
In dieser Elfer-Wette werden 11 Spiele angeboten.

Es gibt $3^{11} = 177.147$ Möglichkeiten zu tippen.

Die Wahrscheinlichkeit, ohne Fußballwissen alle 11 Spiele richtig getippt zu haben ist demnach:

$$P(11) = \frac{1}{177.147} \approx 0,00000565$$

Aufgaben:

A31. Ein Byte besteht aus acht dualen Ziffern (8 Bit),
z. B. 10001011.
Wie viele verschiedene Bytes sind möglich?

A32. In der von Louis Braille entwickelten
Blindenschrift werden bis zu sechs Punkte, die als
Matrix mit drei Zeilen und zwei Spalten angeordnet
sind, verwendet.
Wie viele Zeichen lassen sich damit bilden?

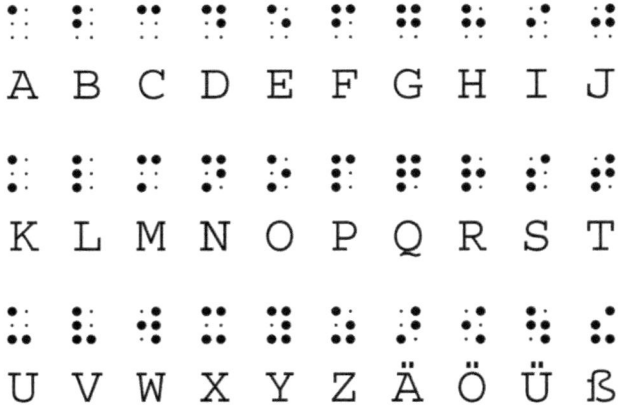

11.4 Variation ohne Wiederholung

Werden von den n in einer Urne vorhandenen Kugeln r Kugeln **ohne Zurücklegen** gezogen, so gilt:

$$n \cdot (n\text{-}1) \cdot (n\text{-}2) \cdot \ldots \cdot (n\text{-}r+1) = \frac{n!}{(n-r)!}$$

Beispiel:

B41. Wie viele Möglichkeiten gibt es, die ersten drei Plätze eines Pferderennens mit 15 Pferden zu tippen?

$$\frac{15!}{(15-3)!} = 15 \cdot 14 \cdot 13 = 2.730 \text{ Möglichkeiten}$$

Hinweis:

Mit dem **Taschenrechner** kann die Taste „nPr" verwendet werden:
Zahl n → Taste „shift" → Taste „X" → Zahl r

Im Beispiel B41:
„**15P3**" = 2.730

Aufgabe:

A33. Wie viele Möglichkeiten gibt es, die
Medaillengewinner eines 100-m-Endlaufs
vorherzusagen, wenn in den Vorkämpfen alle
Läufer etwa gleich schnell waren?

11.5 Kombination ohne Wiederholung

Aus einer Menge mit n Elementen kann man

$$\binom{n}{r} = \frac{n!}{r!(n-r)!}$$

verschiedene **r-Mengen** ohne Wiederholung auswählen.

Es handelt sich um ein **Ziehen ohne Zurücklegen**. Jedes gewählte Element kann nicht noch einmal ausgewählt werden. Ebenso bleibt die **Reihenfolge unbeachtet**.

Beispiele:

B42. Von den 18 Vereinen der 1. Fußballbundesliga spielt jeder Club gegen jeden.
Wie viele Spiele gibt es pro Halbsaison?

Zweier-Gruppen der 18 Mannschaften:
$$\binom{18}{2} = \frac{18!}{2!(18-2)!} = 153 \text{ Spiele}$$

Beachte:

Mit dem **Taschenrechner**:
Taste „**nCr**" (n → „shift" → „÷" → r):

Im Beispiel B42:
„**18C2**" = 153

B43. Aus einer Schulklasse mit 25 Schülern, sollen vier beliebige Schüler ausgewählt werden.
Wie viele Möglichkeiten hat der Lehrer dafür?

$$\binom{25}{4} = 12.650 \text{ Möglichkeiten}$$

B44. Beim Lotto-Spiel werden 6 Zahlen aus 49 Zahlen gezogen.

$$\binom{49}{6} = 13.983.816 \text{ Möglichkeiten}$$

Aufgabe:

A34. Sechs Schüler feiern mit ihrem Lehrer das bestandene Abitur. Jeder hält ein Sektglas in der Hand und stößt mit jedem Anwesenden genau einmal an.
Wie oft klingen die Gläser?

11.6 Kombination mit Wiederholung

Aus einer Menge mit **n Elementen** werden **r Objekte** mit Wiederholung ausgewählt. Hier können also Objekte **mehrfach oder gar nicht** ausgewählt werden.

$$\binom{n + r - 1}{n} = \frac{(n + r - 1)!}{n! \cdot (r-1)!}$$

Beispiele:

B45. **Drei** Schülern werden **fünf** Freikarten angeboten. Auf wie viele Arten können die fünf nummerierten Karten verteilt werden, wenn ein Schüler auch mehrere Karten erhalten kann?

In der Tabelle sind drei mögliche Verteilungen der Karten (K) dargestellt:

Schüler 1	Schüler 2	Schüler 3	
KK	K	KK	KK | K | KK
KKK		KK	KKK | | KK
K	KKKK		K | KKKK |

Wenn man den Trennstrich „|" zwischen den Schülern als Zeichen auffasst, hat man **sieben Elemente**, die permutiert werden können, wobei **fünfmal „K"** und **zweimal „|"** vorkommen.

Drei Spalten haben hier 3 − 1 (innere) Trennstriche.

$$\binom{5 + (3 - 1)}{5} = \binom{7}{5} = \frac{(5 + 3 - 1)!}{5! \cdot (3-1)!} = \frac{7!}{5! \cdot 2!} =$$

$$= 21 \text{ Verteilungsmöglichkeiten}$$

B46. **Vier** Hundewelpen verkriechen sich gerne unter
sechs vorhandene Stühle.
Wie viele unterschiedliche Verteilungen der kleinen
Hunde sind möglich?

Mögliche Verteilung der vier Welpen (W) mit fünf
Trennstrichen „ | " :

Stuhl 1	Stuhl 2	Stuhl 3	Stuhl 4	Stuhl 5	Stuhl 6
W	W		W		W
WWW		W			
	WW				WW

Drei Beispiele der Verteilungsmöglichkeiten:

| W | W | | W | | W | | WWW | | W | | | | | | WW | | | | W W |

und weitere Verteilungen der Welpen.

$$\binom{4 + (6 - 1)}{4} = \frac{9!}{4! \cdot 5!} = \binom{9}{4} = 126 \text{ Möglichkeiten}$$

Beachte:
Auch diese Aufgabe ist „mit Wiederholung", weil sich
durchaus mehrere Hunde unter nur einem Stuhl
verkriechen könnten. Die Reihenfolge der Hunde unter
einem Stuhl ist dabei unerheblich.

B47. Von insgesamt 30 Schülerinnen und Schülern sollen
vier Personen ausgewählt werden.
Wie viele unterschiedliche **Vierer-Gruppen**
könnten zusammengestellt werden?

Es werden verschiedene „Vierermengen" gebildet, deren
Mitglieder stets wieder ausgewählt werden können:

$$\binom{30 + 4 - 1}{4} = \binom{33}{4} = 40.920 \text{ Vierergruppen}$$

Aufgabe:

A35. In einer Urne befinden sich sechs verschieden-
farbige Kugeln. Es werden vier Kugeln gezogen,
wobei danach die vier gezogenen Kugeln wieder
zurückgelegt werden.
Wie viele Zugmöglichkeiten gibt es?

11.7 Zusammenfassung der kombinatorischen Formeln

1. Permutation ohne Wiederholung: $\qquad$ $n!$

2. Permutation mit Wiederholung: $\qquad$ $\dfrac{n!}{k_1! \cdot k_2! \cdot \ldots \cdot k_n!}$

3. Variation ohne Wiederholung: $\qquad$ $\dfrac{n!}{(n-r)!}$

4. Variation mit Wiederholung: $\qquad$ n^k

5. Kombination ohne Wiederholung: $\qquad$ $\dbinom{n}{r}$

6. Kombination mit Wiederholung: $\qquad$ $\dbinom{n+r-1}{n}$

Aufgaben:

A36. Wie viele Möglichkeiten gibt es, um fünf Bilder nebeneinander an einer Wand anzuordnen?

A37. Wie viele Anagramme (Buchstabenumstellungen) lassen sich mit den Buchstaben des Wortes „MISSISSIPPI" bilden?

A38. Wie viele Möglichkeiten gibt es in der deutschen Sprache, auch unsinnige Wörter mit 5 Buchstaben (ohne Umlaute und ohne ß) zu bilden, wenn jeder der 26 möglichen Buchstaben nur einmal vorkommen darf?

A39. Wie viele Möglichkeiten gibt es, auch unsinnige Wörter mit 5 Buchstaben aus allen 26 Grundbuchstaben zu bilden?

A40. Fünf Personen prosten sich mit Gläsern zu. Wie oft klingen die Gläser?

A41. Wie viele Möglichkeiten gibt es, vier Fahrzeuge auf sechs verschiedene Stellplätze zu verteilen? Beachte. Ist ein Platz belegt, so kann dieser nicht mehr genutzt werden.

A42. In einem Gefäß befinden sich fünf verschiedenfarbige Kugeln. Es werden drei der Kugeln gezogen, wobei die gezogene Kugel nach jedem Zug wieder zurückgelegt wird. Wie viele Dreiermengen sind möglich?

11.8 Lotto-Wahrscheinlichkeiten

Beispiele:

B48. Wie groß ist die Wahrscheinlichkeit, beim Lottospiel „6 aus 49" **genau vier Richtige** zu tippen?

Insgesamt gibt es beim Zahlenlotto $\binom{49}{6}$ Möglichkeiten.

Bei vier Richtigen waren von den sechs gezogenen Zahlen vier getippt worden: $\binom{6}{4}$ „Und" zusätzlich befinden sich unter den 43 nicht gezogenen Kugeln zwei getippte Zahlen: $\binom{43}{2}$

$$\frac{\binom{43}{2} \cdot \binom{6}{4}}{\binom{49}{6}} = \frac{908 \cdot 15}{13.983.816} \approx 0,00097 \approx \mathbf{0,1}\,\%$$

Gewinnchance von vier richtigen Zahlen beim Lotto.

B49. Mit welcher Wahrscheinlichkeit tippt man beim Lotto **genau drei Richtige**?

$$\frac{\binom{43}{3} \cdot \binom{6}{3}}{\binom{49}{6}} = \frac{246 \cdot 820}{13.983.816} \approx 0,0177 \approx \mathbf{1,77}\,\%$$

Erfolgsaussicht für drei Richtige.

Aufgaben:

A43. Mit welcher Wahrscheinlichkeit tippt man beim Lotto fünf Richtige?

A44. Berechne die Wahrscheinlichkeit für fünf Richtige und **mit Superzahl**.

Die Superzahl ist die letzte Ziffer der Spielscheinnummer:

11.9 Geburtstagsparadoxon

Für die mathematische Lösung von Geburtstagsfragen sollen drei Modellannahmen gelten:

I) Jedes Jahr habe einheitlich 365 Tage, d. h. Schaltjahre werden ignoriert

II) Alle 365 Tage eines Jahres sind als Geburtstage gleichwahrscheinlich

III) Die Auswahl von n Personen erfolgt hinsichtlich ihres Geburtstages „auf gut Glück"

Beispiele:

B50. Mit welcher Wahrscheinlichkeit haben **zwei** Personen **an verschiedenen Tagen** Geburtstag.

Im **Zähler** der Laplace-Wahrscheinlichkeit:
Für den Tag der Geburt der ersten Person stehen 365 Tage zur Auswahl. Daraufhin sind für die zweite Person nur noch 364 Tage verfügbar, damit nicht derselbe Geburtstag eintritt.

Im **Nenner**:
Für jede beliebige Person sind immer 365 Tage möglich.

$$\frac{365 \cdot 364}{365 \cdot 365} \approx 0{,}997 \triangleq \mathbf{99{,}7\ \%}$$

Hohe Wahrscheinlichkeit, dass zwei beliebige Personen unterschiedliche Geburtstage haben.

B51. Die Wahrscheinlichkeit, dass zwei Personen **am gleichen Tag** Geburtstag haben, ist das **Gegenereignis** zu Beispiel B50.

$$1 - \frac{365 \cdot 364}{365 \cdot 365} \approx 0,003 \mathrel{\hat{=}} \mathbf{0,3\ \%}$$

Ziemlich geringe Wahrscheinlichkeit!

B52. Mit welcher Wahrscheinlichkeit haben **alle** 22 Kinder einer Schulklasse an **verschiedenen Tagen** Geburtstag?

$$\frac{365 \cdot 364 \cdot 363 \cdot \ldots \cdot 345 \cdot 344}{365^{22}} = \frac{\frac{365!}{(365-22)!}}{365^{22}} \approx$$

$$\approx \frac{1,231 \cdot 10^{56}}{2,347 \cdot 10^{56}} \approx \mathbf{52,4\ \%}$$

Mit Taschen- oder CAS-Rechner:
$$\frac{365!}{(365-22)!} = \text{nPr}(365,22) = 1,231 \cdot 10^{56}$$

Bemerkung:

Über das Beispiel B52 lässt sich ein **interessanter Zusammenhang** mit der Personenanzahl **22** erkennen:
Bei **22 oder weniger** Menschen liegt die Wahrscheinlichkeit, dass alle Personen an **verschiedenen Tagen** Geburtstag haben **über 50 %** (z. B. bei zehn Schülern 88,3 %).
Bei **mehr als 22** Personen ist diese Wahrscheinlichkeit **kleiner als 50 %** (z. B. 30 Schüler 29,3 %).

B53. Wie groß ist die Wahrscheinlichkeit, dass **mindestens** **zwei** der 22 Kinder einer Schulklasse am selben Tag Geburtstag haben?

Dies ist das **Gegenereignis** zu Beispiel B52:

100 % - 52,42 % $\triangleq$ **47,58 %**
Mit dieser Wahrscheinlichkeit können demnach **zwei, drei oder mehr** der 22 Kinder **am gleichen Tag** Geburtstag haben.

B54. **Ein etwas komplizierterer Fall**:
Wie groß ist die Wahrscheinlichkeit, dass **genau** **zwei** von 22 Schülern am gleichen Tag Geburtstag haben.

Bei 22 Schülern lassen sich die beiden Geburtstagskinder auf $\binom{22}{2}$ Arten auswählen. Die verbleibenden 20 Schüler werden nacheinander auf die restlichen 364 Tage verteilt, und zwar so, dass es **keine weitere Mehrfachbelegung** gibt. Mit den beiden Schülern, die am gleichen Tag Geburtstag haben gibt es 365! Möglichkeiten, die durch die Fakultät der restlichen 344 Tage des Jahres dividiert werden müssen, an denen niemand mehr Geburtstag hat. Somit sind $\frac{365!}{344!}$ Tage zu verteilen. Man erhält demnach für das Eintreten des Ereignisses $\binom{22}{2} \cdot \frac{365!}{344!}$ günstige und 365^{22} mögliche Falle.

$$\frac{\binom{22}{2} \cdot \frac{365!}{344!}}{365^{22}} = \frac{231 \cdot \frac{2{,}51 \cdot 10^{778}}{7{,}02 \cdot 10^{724}}}{2{,}34 \cdot 10^{56}} = \frac{231 \cdot 3{,}58 \cdot 10^{53}}{2{,}34 \cdot 10^{56}} \approx$$

$$\approx 0{,}00153 \cdot 231 \approx 0{,}3534 \approx \mathbf{35{,}3\ \%}$$

Hinweis:

Potenzen mit drei- und mehrstelligen Exponenten lassen sich über Programme errechnen, die im Internet zu finden sind. Ein Taschenrechner versagt hier im Allgemeinen.

Zum Beispiel mit dem Programm „WolframAlpha":

$456^{123} =$

1 128 952 443 060 998 390 793 281 890 551 444 973 052 697 100 995 833 302 022 381 272 105 524 811 297 192 811 584 341 744 235 568 688 576 498 565 319 529 445 045 920 276 026 656 160 679 057 055 892 943 244 236 447 604 693 768 261 012 955 460 872 912 017 013 344 134 445 831 746 996 828 545 397 543 641 811 754 126 900 945 748 388 368 667 966 627 419 815 114 500 109 330 430 662 809 943 171 174 947 516 304 932 196 541 423 284 352 188 416

$\approx 1{,}12895 \cdot 10^{327}$
(nach der erten Ziffer 1 folgen 327 weitere Ziffern)

Aufgaben:

A45. Mit welcher Wahrscheinlichkeit haben genau drei Personen am gleichen Tag Geburtstag?

A46. Einer Gruppe von 20 Schülern werden drei Konzertkarten angeboten. Berechne jeweils die folgenden Möglichkeiten.
  a) Ein Schüler erhält **genau eine** der drei nummerierten Sitzplätze
  b) Ein Schüler kann **auch mehr als eine** der nummerierten Karten erhalten
  c) Ein Schüler erhält **genau eine** von drei **nicht** nummerierten **Steh**plätzen

A47. Ein Skatspiel besteht aus folgenden Karten:
8 rote Herz-Karten
8 rote Karo-Karten
8 schwarze Pik-Karten
8 schwarze Kreuz-Karten
Zu jeder Farbe gibt es jeweils vier Zahlenkarten
von 7 bis 10 sowie die vier Bildkarten Bube, Dame,
König und Ass.
a) Wie groß ist die Wahrscheinlichkeit hintereinander
drei rote Karten (ohne Zurücklegen) zu ziehen?
b) Wie groß ist die Wahrscheinlichkeit hintereinander
drei gleichfarbige Karten (ohne Zurücklegen) zu
ziehen?
c) Wie groß ist die Wahrscheinlichkeit hintereinander
drei Herz-Karten zu ziehen?
d) Wie groß ist die Wahrscheinlichkeit hintereinander
drei Ass-Karten zu ziehen?

A48. Ein Spieler wirft **dreimal** einen Würfel,
anschließend spielt er **zweimal** Roulette (Felder
0 bis 36) und dann zieht er noch **eine** Karte aus 52
Spielkarten.
Berechne die Mächtigkeit des Ergebnisraums Ω.

A49.a) In einem kleinen Theater sollen sich sieben
Personen in eine Reihe mit 20 noch freien Plätzen
setzen.
Wie viele Möglichkeiten gibt es?
b) Wie viele Möglichkeiten gibt es, wenn sich
20 Personen auf die 20 freien Plätze der nächsten
Reihe setzen wollen?

A50. Abituraufgabe

An einem Fußball-Turnier nehmen zwölf Mannschaften teil. Für die erste Runde werden vier Gruppen zu je drei Mannschaften ausgelost. Zuerst werden die drei Mannschaften für die erste Gruppe gezogen. Berechnen Sie die Wahrscheinlichkeiten für folgende Ereignisse:

A: Die drei Mannschaften FCX, FCY und FCZ werden in die 1. Gruppe gelost.

B: Nur FCX ist in der 1. Gruppe.

C: Höchstens zwei der drei Mannschaften sind in der ersten Gruppe.

A51. Abituraufgabe

Zwei ideale Würfel werden geworfen und die **Summe der Augenzahlen** gebildet. Ermitteln Sie die Wahrscheinlichkeiten der folgenden Ereignisse.

A: Die Augensumme ist kleiner als 6.

B: Die Augensumme ist eine Primzahl.

A52. Abituraufgabe

Max weiß von einer vierstelligen Geheimzahl, dass sie aus zwei Dreien und zwei Fünfen besteht. Mit welcher Wahrscheinlichkeit kann er spätestens im dritten Versuch die richtige Zahl bestimmen?

12. Die bedingte Wahrscheinlichkeit

Gesucht ist hier die Wahrscheinlichkeit des Eintretens eines Ereignisses **unter der Bedingung**, dass das Eintreten eines anderen Ereignisses bereits bekannt ist.

$$P(B|A) = P_A(B) = \frac{P(A \cap B)}{P(A)}$$

„Die durch A bedingte Wahrscheinlichkeit von B"

 Bei mehrmaligem Werfen eines idealen Spielwürfels hängt die Wahrscheinlichkeit, eine Zahl zwischen 1 und 6 zu werfen, nicht von dem vorherigen Ergebnis ab. Jeder Wurf ist **unabhängig** von dem vorigen Wurf.

Werden aus einer Urne, die Kugeln mit unterschiedlichen Farben enthält, nacheinander Kugeln **ohne** Zurücklegen gezogen, dann ist die Wahrscheinlichkeit für ein bestimmtes Ergebnis im  Allgemeinen von dem vorherigen Ergebnis **abhängig** ⇒ **bedingte Wahrscheinlichkeit**

Beispiele:

B55. Ein Medikament wurde in einem Testverfahren mit einem Placebo (Scheinmedikament) verglichen. In einem Langzeitversuch reagierten Probanden unterschiedlich:

	geheilt g	nicht geheilt $\bar{g}$	Summe
Medikament eingenommen: M	7780	220	8000
Placebo eingenommen: $\bar{M}$	960	5040	6000
Summe	8740	5260	14000

a) Wie groß ist die Wahrscheinlichkeit, dass eine Person durch das Medikament geheilt wird?

$$P_M(g) = \frac{P(M \cap g)}{P(M)} = \frac{\frac{7780}{14000}}{\frac{8000}{14000}} \triangleq \mathbf{97,25\,\%}$$

b) Wie groß ist die Wahrscheinlichkeit, dass eine Person, die das Placebo erhalten hat, nicht geheilt wird?

$$P_{\bar{M}}(\bar{g}) = \frac{P(\bar{M} \cap \bar{g})}{P(\bar{M})} = \frac{\frac{5040}{14000}}{\frac{6000}{14000}} \triangleq \mathbf{84\,\%}$$

c) Wie groß ist die Wahrscheinlichkeit, dass eine Person, die das Placebo erhalten hat, geheilt wird?

$$P_{\bar{M}}(g) = \frac{P(\bar{M} \cap g)}{P(\bar{M})} = \frac{\frac{960}{14000}}{\frac{6000}{14000}} \triangleq \mathbf{16\,\%}$$

oder über Teilaufgabe b) $100\,\% - 84\,\% = 16\,\%$

B56. **Zwei** Spielwürfel werden geworfen.
Wie groß ist die Wahrscheinlichkeit für **Pasch**
(gleiche Augenzahl) und Nicht-Pasch?

$$P(\text{Pasch}) = \frac{6}{36} = \frac{1}{6}$$

$$P(\text{kein Pasch}) = \frac{5}{6}$$

A: „Wahrscheinlichkeit bei **vier** Würfen **genau dreimal Pasch** zu erhalten"

A = {(11,22,33,52) oder (11,22,36,44) oder …}

$$P(A) = \binom{4}{3} \cdot \left(\frac{1}{6}\right)^3 \cdot \left(\frac{5}{6}\right)^1 = \frac{5}{324} \approx 0,0154 \triangleq \mathbf{1,54}\,\%$$

$\overline{B}$: „Wahrscheinlichkeit bei vier Würfen **keinen Pasch** zu erhalten"

$\overline{B}$ = {(12,13,14,15) oder (16,21,23,24) usw.}

$$P(\overline{B}) = \left(\frac{5}{6}\right)^4 = \frac{625}{1296} \approx 0,4823 \triangleq \mathbf{48,23\,\%}$$

B: „Bei vier Würfen **mindestens einmal Pasch** zu werfen"

Mindestens einmal Pasch heißt, ein-, zwei-, drei- oder viermal Pasch zu werfen. Das heißt auch, man hat bei **keinem** der vier Würfe keinen Pasch ⇒
Gegenereignis zu $\overline{B}$:

$$P(B) = 1 - P(\overline{B}) \approx 1 - 0,4823 = 0,5177 \triangleq \mathbf{51,77\,\%}$$

Zu B56.

$A \cap B = A$
da $A = \{$„genau **drei**mal Pasch"$\}$ in
$B = \{$„mindestens einmal Pasch"$\}$, also ein-, zwei-, **drei**-
oder viermal Pasch, enthalten ist.

$P(A \cap B) = P(A) = \dfrac{5}{324}$ (fällt genau dreimal Pasch, so fällt
auch mindestens ein Pasch)

C: „Wahrscheinlichkeit für genau dreimal Pasch, wenn
    bereits mindestens einmal Pasch geworfen wurde"

$$P(C) = P_B(A) = \frac{P(A \cap B)}{P(B)} = \frac{P(A)}{P(B)} = \frac{\frac{5}{324}}{\frac{1296-625}{1296}} = \frac{20}{671} =$$
$$= 0{,}0298 \approx 3\,\%$$

Aufgabe:

A53. Geburten von Jungen und Mädchen sind fast gleich
     wahrscheinlich.
     Wie groß ist die Wahrscheinlichkeit, dass bei drei
     aufeinander folgenden Geburten genau zwei Jungen
     zur Welt kommen, wenn
     a) keine weiteren Informationen vorhanden sind,
     b) wenn zusätzlich bekannt ist, dass mindestens ein
        Junge geboren wird.

13. Zufallsgrößen

Als **Zufallsvariable** X wird im Allgemeinen die Funktion
X: $e_i \to X(e_i)$ definiert

Beispiele:

B57. Die Zahlen 1 bis 6 erscheinen beim Werfen eines
Spielwürfels zufällig. Daher benennt man diese
Zahlen mit Zufallsvariablen X, Y, Z usw.

Ereignisse:
„Augenzahl 3" $\Rightarrow$ X = 3 mit E = {3}
„Augenzahl kleiner als 4" $\Rightarrow$ Y < 4 mit E = {1, 2, 3}

B58. Werfen eines Spielwürfels

Q: „**Quadratzahl** einer gewürfelten Zahl"
Q < 9 $\Rightarrow$ E = {1, 2}
Q = 16 $\Rightarrow$ E = {4}
4 < Q $\leq$ 25 $\Rightarrow$ E = {3, 4, 5}

B59. Zweimaliges Werfen eines Spielwürfels

S: „Summe zweier Würfelziffern"
S = 2 $\Rightarrow$ E = {(1|1)}
S = 3 $\Rightarrow$ E = {(1|2),(2|1)}
S = 12 $\Rightarrow$ E = {(6|6)}
S = 5 $\Rightarrow$ E = {(1|4),(4|1),(2|3),(3|2)}

B60. Dreimaliger Münzwurf

Z: „Wie oft tritt ‚Zahl' auf?"
Z = 3 ⟹ E = {(zzz)}
Z = 1 ⟹ E = {(zww),(wzw),(wwz)}

Aufgabe:

A54. Ein Multiple-Choice-Test besteht aus **15 Fragen**, mit jeweils **fünf Antwortmöglichkeiten**, von denen genau eine richtig ist.

Die **Wahrscheinlichkeitsverteilung** ist gegeben durch:

k	8	9	10	11	12	13	14	15
$P(X \leq k)$	0,711	0,939	0,969	0,982	0,989	0,992	0,999	1

a) Wie groß ist die Wahrscheinlichkeit, dass **mindestens** 10 Aufgaben richtig sind?
b) Wie groß ist die Wahrscheinlichkeit, dass **höchstens** 13 Aufgaben richtig sind?
c) Wie groß ist die Wahrscheinlichkeit, dass **genau** 15 Aufgaben richtig sind?

14. Der Erwartungswert

Wird ein Versuch sehr häufig durchgeführt und aus den Ergebnissen der durch die Wahrscheinlichkeiten gewichtete Mittelwert gebildet, so lässt sich der Erwartungswert errechnen. Dieser beschreibt also die Zahl, welche eine Zufallsvariable im Mittel annimmt.

Bei unbegrenzter Wiederholung eines Experiments bildet demnach der Erwartungswert den **Durchschnitt der Ergebnisse, in Abhängigkeit von deren Wahrscheinlichkeiten.**

$$E(e_i) = e_1 \cdot P(X=e_1) + e_2 \cdot P(X=e_2) + \ldots + e_n \cdot P(X=e_n)$$

Bei Glückspielaufgaben aber auch bei statistischen Fragen oder bei Kalkulationen in der Betriebswirtschaft sind Erwartungswerte sehr hilfreich.

Beispiele:

B61. Gleichzeitiges Werfen zweier Würfel.
   Elementarereignisse (1, 1), (4, 5), (6, 1), (6, 6) usw.
   Jedem dieser Würfelpaare wird über eine
   Zufallsvariable die **Augensumme** zugeordnet:

   Z. B.: $P(X = 2) = \frac{1}{36}$ für $\{(1|1)\}$

   $P(X = 9) = \frac{4}{36}$ für $\{(3|6);(6|3);(4|5);(5|4)\}$ usw.

e_i	2	3	4	5	6	7	8	9	20	11	12
$P(X=e_i)$	$\frac{1}{36}$	$\frac{2}{36}$	$\frac{3}{36}$	$\frac{4}{36}$	$\frac{5}{36}$	$\frac{6}{36}$	$\frac{5}{36}$	$\frac{4}{36}$	$\frac{3}{36}$	$\frac{2}{36}$	$\frac{1}{36}$

Zu B61.

I) $0 < P(e_i) < 1$

II) $\frac{1}{36} + \frac{2}{36} + \frac{3}{36} + \ldots + \frac{2}{36} + \frac{1}{36} = \frac{36}{36} = 1$

Damit liegt eine **Wahrscheinlichkeitsverteilung** vor.

Wenn bei einem Glücksspiel die in einem Wurf zweier Würfel erzielte **Augensumme in Euro ausgezahlt** werden soll, so muss der Spielleiter ermitteln wieviel Einsatz er verlangen sollte, damit er keinen Verlust erleidet.

Der Gewinn soll nun entsprechend der geworfenen Augensumme ausgezahlt werden.

Werden zum Beispiel bei einer **Doppel-Eins 2 €**, bei **(4|3) 7 €** und bei **(5|6) 11 €** ausgezahlt usw., so ergibt sich folgender Erwartungswert:

$$E(X) = 2 \cdot \frac{1}{36} + 3 \cdot \frac{2}{36} + 4 \cdot \frac{3}{36} + \ldots + 11 \cdot \frac{2}{36} + 12 \cdot \frac{1}{36} =$$
$$= \frac{252}{36} = 7$$

Es sollten also mindestens **7 € Einsatz** verlangt werden, damit **kein Verlust** (jedoch auch kein Gewinn) entsteht.

Man nennt ein derartiges Spiel „**fair**".

B62. Wenn **5 Euro Einsatz** für das Spiel aus Beispiel B61 verlangt werden würde, so ergäben sich folgende Gewinnchancen:

$$\boxed{\textbf{Gewinn G = Ausspielung – Einsatz}}$$

Die Zufallsvariable **G** nimmt dann folgende Werte an: -3, -2, -1, 0, 1, 2, 3, 4, 5, 6, 7

$$E(G) = -3\frac{1}{36} - 2\frac{2}{36} - \frac{3}{36} + 0 + \frac{5}{36} + 2\frac{6}{36} + 3\frac{5}{36} + 4\frac{4}{36} + 5\frac{3}{36} + 6\frac{2}{36} + 7\frac{1}{36} = \frac{72}{36} = \textbf{2}$$

Auf lange Sicht **gewinnt der Spieler** demnach **2 €** bei einem **Einsatz** von **5 €** pro Spiel.

Der **Erwartungswert** beschreibt einen **Wert, der sich auf die Zukunft bezieht**, also auf eine Größe, mit der auf lange Sicht zu rechnen ist.

Der stochastische Begriff „fair"

Ist weder ein Gewinn noch ein Verlust zu erwarten, so wird das Spiel „**fair**" genannt (s. Beispiel B61).

So werden beispielsweise beim Zahlenlotto „**6 aus 49**" grundsätzlich nur 50 % der eingesetzten Beträge ausgezahlt, die andere Hälfte der Einnahmen wird für allgemeinnützige Zwecke verwendet und dient der Begleichung entstehender Unkosten.
Daher muss das Lottospiel, im stochastischen Sinne „**unfair**" genannt werden.

Aufgaben:

A55. Bei einer Party hat man die Wahl entweder 3 €
Eintritt zu bezahlen oder den Eintrittspreis mit
einem Würfel zu ermitteln.
D. h. würfelt man z. B. eine 2 zahlt man 2 Euro,
würfelt man eine 5, so zahlt man 5 Euro Eintritt.
Wie groß ist der Erwartungswert beim Würfeln?

A56. Wie groß ist der Erwartungswert beim Werfen eines
siebenseitigen Spielwürfels, dessen Augenzahlen
aus der 1 und den sechs ersten Primzahlen
bestehen.

A57.a) Bei einer karitativen Veranstaltung muss jeder der
50 Teilnehmer ein Los kaufen.
Der 1. Preis hat einen Wert von 100 €, der 2. von
25 € und der 3. von 10 €.
Jeder, der keinen dieser Gewinne erlost, erhält einen
Trostpreis in Höhe von 1 €.
Wie teuer müsste ein Los sein, damit Einnahmen
und Ausgaben sich ausgleichen?
  b) Welchen Gewinn erzielt der Veranstalter, wenn er
jedes Los für 5 € verkauft?

A58. Ein Spielautomatenbesitzer wirbt bei einem **Einsatz** von **1 €** pro Spiel mit folgendem Gewinnplan (Wahrscheinlichkeitsverteilung):

Gewinn in Euro	0	0,10	0,30	1,50
Wahrscheinlichkeit	0,3	0,4	0,2	0,1

Liegt hier ein faires Spiel vor?
Berechne den Erwartungswert.

A59. Eine Urne enthält acht rote und zwei blaue Kugeln. Zieht man eine blaue Kugel, gewinnt man 10 €.

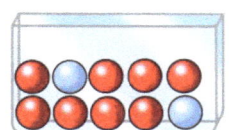

a) Der Einsatz beträgt 5 €.
   Lohnt sich dieses Spiel?
b) Welcher Erwartungswert ergibt sich bei einem Einsatz von 2 €?

A60. Abituraufgabe
Für das Einchecken der Gäste gibt es in einem Hotel zwei Schalter. Der Eincheckvorgang dauert bei ausländischen Gästen jeweils fünf Minuten, bei deutschen Gästen jeweils drei Minuten.
Zeitgleich mit den deutschen Ehepaaren Müller und Schulz kommen vier Niederländer an. Diese acht Gäste verteilen sich rein zufällig zu je vier Personen auf die beiden Schalter.
Herr **Müller** steht in seiner Reihe als **Letzter**.
Berechnen Sie den Erwartungswert für die Zufallsgröße X: „**Zufällige Zeit, bis Herr Müller den Schalter verlassen kann.**"

15. Varianz σ^2 - Standardabweichung σ

Die Varianz ist ein **Maß für die Größe der Abweichung** von einem Durchschnittswert μ.

(X - μ) stellt die **absolute Abweichung** einer Zufallsgröße X vom Mittelwert μ dar.

E(X-μ) ist die **mittlere absolute Abweichung** der Einzeldaten vom Durchschnittswert μ.

Die **Varianz σ^2** ist die mittlere **quadratische Abweichung** einer Datenreihe von ihrem Mittelwert. Die absoluten Abweichungen (X - μ) werden hierbei quadriert:

$$\sigma^2 = V(X) = E((X - \mu)^2) =$$
$$= (x_1 - \mu)^2 \cdot p(X=x_1) + (x_2 - \mu)^2 \cdot p(X=x_2) + \ldots + (x_n - \mu)^2 \cdot p(X=x_n)$$

Die **Standardabweichung $\sigma = \sqrt{V(X)}$** gibt die **Streuung** der Einzeldaten um den Mittelwert an. Mit ihrer Hilfe kann man feststellen, ob ein Durchschnittswert repräsentativ ist.

Sie ist das **wichtigste Streuungsmaß** in der Stochastik

Beispiel:

B63. Zeiten, die ein Schüler in einer Woche von der Schule nach Hause benötigt hat.

Tag	Mo	Di	Mi	Do	Fr
Minuten	17	16	19	13	20

Durchschnitt:

$$\mu = \frac{17+16+19+13+20}{5} = \textbf{17 min}$$

Um die **Varianz** zu berechnen, muss man von allen Einzeldaten den Mittelwert μ abziehen, diese Differenz quadrieren und mit der Tageswahrscheinlichkeit (hier stets $\frac{1}{5} = 0{,}2$) multiplizieren

$$\sigma^2 = V(X) = 0{,}2 \cdot (17\text{-}17)^2 + 0{,}2 \cdot (16\text{-}17)^2 + 0{,}2 \cdot (19\text{-}17)^2 +$$
$$+ 0{,}2(13\text{-}17)^2 + 0{,}2(20\text{-}17)^2 = 0{,}2 \cdot (0+1+4+16+9) = \textbf{6}$$

Varianz $\sigma^2 = 6$

Standardabweichung $\sigma = \sqrt{6} \approx \textbf{2,45}$

Die Einzeldaten **streuen** also ungefähr 2,45 Minuten um den Mittelwert von 17 Minuten.

Der Schüler benötigt demnach jeden Tag etwa
17 min $\pm$ **2,45** min (17min $\pm$ 2 min 27 sec)

15.1 Normalverteilung

Die **Normalverteilung** ist eine der wichtigsten Wahrscheinlichkeitsverteilungen.
Ihr Funktionsterm enthält den Erwartungswert μ, die Standardabweichung σ sowie die Varianz σ²:

$$f(x,μ,σ) = \frac{e^{-\left(\frac{x-μ}{4σ}\right)^2}}{σ\sqrt{2π}}$$

Die graphische Darstellung der Normalverteilung ergibt eine Glockenkurve, die nach Carl Friedrich Gauß als **Gauß'sche Glockenkurve** benannt ist.

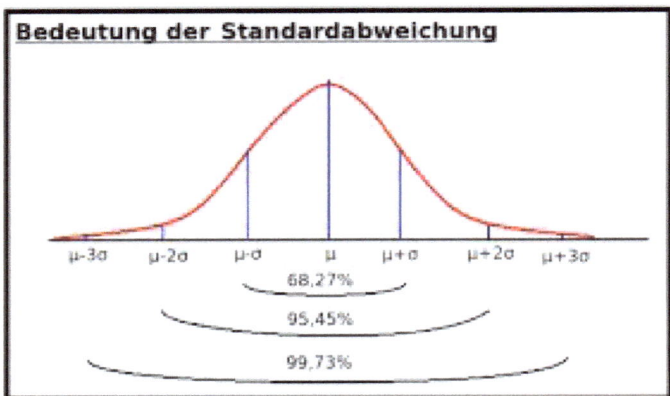

In der Abbildung sind Vielfache der Standardabweichung unterhalb der Glockenkurve dargestellt.
Etwas mehr als zwei Drittel aller Messwerte liegen innerhalb einer Standardabweichung **σ** zum Mittelwert.
Über 95 Prozent der Werte liegen zwei Standardabweichungenen vom Mittelwert entfernt.
Die Normalverteilung dient in verschiedenen Wissenschaften der näherungsweisen Beschreibung, Erläuterung und Vorhersage von Sachverhalten.

15.2 Gültigkeit der Standardabweichung

Bei **normalverteilten** Größen (siehe Glockenkurve S. 80) hat die **Standardabweichung**
bei σ eine Gültigkeit von **68,27 %**;
bei **2σ** eine Gültigkeit von **95,45 %** und
bei **3σ** eine Gültigkeit von **99,73 %**.

Im **Beispiel B63** gelten für die Wegzeiten des Schülers folgende **Abweichungen vom Erwartungswert**:
17 min ± 2,45 min mit ca. **68 %** Abweichungsgültigkeit
17 min ± 4,90 min (**2σ**) mit ca. **95 %** und
17 min ± 7,35 min (**3σ**) mit ca. **99 %**
Abweichungsgültikeit.

Nimmt man den Durchschnitt eines **Intelligenzquotienten** mit der Zahl 100 an, so ist in der abgebildeten Glockenkurve dargestellt, dass bei einer Standardabweichung von einem **σ** = 68 %, Menschen einen IQ von 90 bis 109 haben (gelber Bereich). Weniger als ein Prozent der Bevölkerung gelten als hochbegabt. Diese Personen werden in der Glockenkurve im dunkelgrünen **3σ**-Bereich ab IQ 127 erfasst.

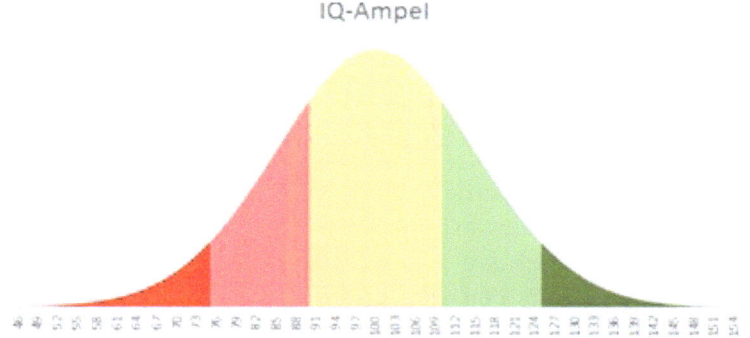

IQ-Ampel

15.3 Weitere Beispiele zur Varianz

B64. Der Mittelwert der Augenzahl eines Spielwürfels
ergibt $\mu = \frac{1+2+3+4+5+6}{6} = 3,5$;
die Einzelwahrscheinlichkeit ist $P(X = x_i) = \frac{1}{6}$

Varianz:
$$V(X) = \frac{1}{6} \cdot ((1-3,5)^2 + (2-3,5)^2 + (3-3,5)^2 + (4-3,5)^2 +$$
$$+ (5-3,5)^2 + (6-3,5)^2) = 17,5 : 6 = 2\frac{11}{12} \approx \mathbf{2,92}$$

Standardabweichung $\sigma = \sqrt{2\frac{11}{12}} \approx \mathbf{1,71}$

68 % der Würfe eines Spielwürfels streuen demnach um ungefähr 1,7 Augenzahlen um den Erwartungswert:

3,5 ± 1,7

Wählt man die im Bereich einer Standardabweichung liegenden Würfe von ungefähr 100 % – 68 % = 32 % (s. gelber Bereich der IQ-Ampel auf vorheriger Seite), so liegen beim Werfen eines idealen Spielwürfels etwa die Hälfte von 32 %, also **16 %** der Würfe **unter** dem Mittelwert und 16 % **über** dem Mittelwert, also zwischen 1,8 und 5,2.

Beachte:
Es ist ersichtlich, dass in der Statistik oft Werte angegeben werden, die eigentlich nicht der Realität entsprechen. Weder der Erwartungswert von 3,5 noch die Standardabweichung von 1,71 können beim Spielwürfel tatsächlich auftreten, da dieser nur ganzzahlige Werte anzeigen kann.

B65. Beim Spiel mit einer Münze wird vereinbart, dass
bei „Kopf" **6 €** gewonnen und bei „Zahl" **10 €**
verloren werden.

a) Kann man bei diesem Spiel einen Gewinn
erwarten?

$P(X) = 0,5$
$E(X) = 0,5 \cdot 6 - 0,5 \cdot 10 = -2$
Man muss also mit einem **Verlust** von 2 €
rechnen.

b) Wie streuen Verlust oder Gewinn?

Streuung:
$V(X) = 0,5 \cdot ((6 - (-2))^2 + (10 - (-2))^2) =$
$= 0,5 \cdot (64 + 144) = 104$

Standardabweichung: $\sigma = \sqrt{104} \approx \mathbf{10,2}$

Verlust: **-2 € ± 10,20 €.**
Hier liegt eine **sehr große Streuung** vor, da der
Verlust von 10 € deutlich höher ist als der
mögliche Gewinn von 6 €.

In diesem Beispiel hat man mit einer Chance von
68 % einen Verlust von 12,20 € oder einen
Gewinn von 8,20 €.

Aufgaben:

A61. Berechne die Varianz und die Standardabweichung für die Abituraufgabe A60 (Seite 77).

A62. In einer Getreide-Ähre befanden sich stets durchschnittlich 25 Körner. Das Getreide wurde gentechnisch verändert, worauf sich bei 16 Stichproben folgende Körnerzahlen ergaben:

i	1	2	3	4	5	6	7	8	9
e_r	38	42	26	33	41	28	29	32	39

10	11	12	13	14	15	16
40	27	32	34	28	40	35

Berechne den Mittelwert, die Varianz und die Standardabweichung.

A63. Abituraufgabe
Maria dreht das abgebildete Glücksrad.
Tim wirft einen Laplace-Würfel mit
den Augenzahlen 2, 2, 2, 4, 6, 6.
Wer die größere Zahl erhält gewinnt.

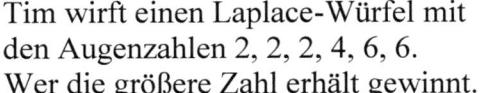

a) Maria erklärt: "Weil die Erwartungswerte für die erdrehte und die gewürfelte Zahl gleich sind, ist das Spiel fair."
   Zeigen und begründen Sie, dass die Erwartungswerte zwar übereinstimmen, das Spiel aber trotzdem nicht fair ist.
b) Berechnen Sie die Standardabweichungen für das Drehen des Glücksrades und den Würfelwurf.
c) Geben Sie eine Beschriftung des Laplace-Würfels so an, dass das Spiel fair wird.
   Ändern Sie dabei nur eine einzige Augenzahl.

16. Bernoulli-Experimente und Binomialverteilung $B_{n;p}(k)$

Bei Zufallsexperimenten interessieren häufig nur „Treffer" oder „Niete".

Definition:
Ein Zufallsexperiment mit nur zwei Ergebnissen heißt **Bernoulli-Experiment** mit den Wahrscheinlichkeiten **p** und **q = 1 - p**.
Bernoulli-Experimente mit **n** unabhängigen Durchführungen nennt man **Bernoulli-Kette**.

Beispiel:

B66. Die Blutgruppe AB besitzen etwa 7 % der Menschen $\Rightarrow$ p = 0,07 und q = 0,93
Fünf Personen werden untersucht: n = 5

a) Mit welcher Wahrscheinlichkeit hat **nur die zweite Person** die Blutgruppe AB?

P(01000) = 0,93 · 0,07 · 0,93 · 0,93 · 0,93 =
= $0,93^4$ · 0,07 ≈ 0,0524 ≙ **5,24 %**

b) Mit welcher Wahrscheinlichkeit hat **genau eine** Person die Blutgruppe AB?

P(genau eine Person hat AB) =
= P(10000 ∨ 01000 ∨ 00100 ∨ 00010 ∨ 00001) =
= 5 · 0,0524 ≈ 0,2618 ≙ **26,18 %**

Zu B66.

c) Mit welcher Wahrscheinlichkeit haben **genau zwei** Personen die Blutgruppe AB?

P(Genau zwei Personen haben AB) =
= P(11000, 10100, 10010. 10001, 01100, 01010,
    01001, 00110, 00101, 00011) =
= $\binom{5}{2} \cdot 0{,}07^2 \cdot 0{,}93^3 \approx 10 \cdot 0{,}00394 \triangleq$ **3,94 %**

16.1 Binomialkoeffizienten

$$\binom{n}{k} = \frac{n!}{k! \cdot (n-k)!}$$

$$\binom{n}{k} = \binom{n}{n-k}$$

$$
\begin{array}{ccccccccc}
 & & & & \binom{0}{0} & & & & \\
 & & & \binom{1}{0} & & \binom{1}{1} & & & \\
 & & \binom{2}{0} & & \binom{2}{1} & & \binom{2}{2} & & \\
 & \binom{3}{0} & & \binom{3}{1} & & \binom{3}{2} & & \binom{3}{3} & \\
\binom{4}{0} & & \binom{4}{1} & & \binom{4}{2} & & \binom{4}{3} & & \binom{4}{4}
\end{array}
$$

$$
\begin{array}{ccccccccc}
\binom{5}{0} & \binom{5}{1} & \binom{5}{2} & \binom{5}{3} & \binom{5}{4} & \binom{5}{5} \\
\binom{6}{0} & \binom{6}{1} & \binom{6}{2} & \binom{6}{3} & \binom{6}{4} & \binom{6}{5} & \binom{6}{6} \\
\binom{7}{0} & \binom{7}{1} & \binom{7}{2} & \binom{7}{3} & \binom{7}{4} & \binom{7}{5} & \binom{7}{6} & \binom{7}{7}
\end{array}
$$

$$=$$

```
            1
          1   1
        1   2   1
      1   3   3   1
    1   4   6   4   1
  1   5  10  10   5   1
 1  6  15  20  15   6   1
1  7  21  35  35  21  7  1
```
. . .   . . .

Das Pascal'sche Dreieck

Bemerkung:
Binomialkoeffizienten sind ein sehr hilfreiches Mittel in der Stochastik. Aber auch in der elementaren Algebra finden sie Anwendung (siehe Kapitel 11 und folgende Themen).

16.2 „Binomische" Formeln höheren Grades:

$(a \pm b)^3 = a^3 \pm 3a^2b + 3ab^2 \pm b^3 =$

$= \binom{3}{0} a^3 \pm \binom{3}{1} a^2b + \binom{3}{2} ab^2 \pm \binom{3}{3} b^3$

$(a \pm b)^4 = a^4 \pm 4a^3b^2 + 6a^2b^2 \pm 4ab^3 + b^4 =$

$= \binom{4}{0} a^4 \pm \binom{4}{1} a^3b + \binom{4}{2} a^2b^2 \pm \binom{4}{3} ab^3 + \binom{4}{4} b^4$

Für die Darstellung der Formeln höheren Grades ist also das Pascalsche Dreieck recht nützlich.

16.3 Formel von Jakob Bernoulli (1654 bis 1705)

$$P_p^n(X = k) = \binom{n}{k} \cdot p^k \cdot (1 - p)^{n-k}$$

bei n Durchführungen und k Treffern

Hinweis:
In den folgenden Beispielen und Aufgaben müssen häufig Summen berechnet werden. Dazu können Tabellen **kumulierter Binomialverteilungen** auch aus dem Internet oder ein CAS-Rechner genutzt werden.

Beispiele:

B67. **Fünf**maliges Werfen eines idealen Spielwürfels

X: „Augenzahl 6"
$p = \frac{1}{6}$
$n = 5$

a) Die Augenzahl 6 tritt **genau zweimal** auf:

$$P_{\frac{1}{6}}^{5}(X=2) = \binom{5}{2} \cdot \left(\frac{1}{6}\right)^2 \cdot \left(\frac{5}{6}\right)^3 \approx 0{,}1608 \triangleq 16{,}08\,\%$$

b) Die Augenzahl 6 erscheint **genau fünfmal**:

$$P_{\frac{1}{6}}^{5}(X=5) = \binom{5}{5} \cdot \left(\frac{1}{6}\right)^5 \cdot \left(\frac{5}{6}\right)^0 \approx 0{,}00013$$

c) Die Augenzahl 6 tritt **mindestens dreimal** auf:

$$P(X \geq 3) = \binom{5}{3} \cdot \left(\frac{1}{6}\right)^3 \cdot \left(\frac{5}{6}\right)^2 + \binom{5}{4} \cdot \left(\frac{1}{6}\right)^4 \cdot \left(\frac{5}{6}\right)^1 +$$
$$+ \binom{5}{5} \cdot \left(\frac{1}{6}\right)^5 \cdot \left(\frac{5}{6}\right)^0 \approx 0{,}0355 \triangleq 3{,}55\,\%$$

d) Die Augenzahl 6 erscheint **höchstens zweimal**:

$$P(X \leq 2) = \binom{5}{0} \cdot \left(\frac{1}{6}\right)^0 \cdot \left(\frac{5}{6}\right)^5 + \binom{5}{1} \cdot \left(\frac{1}{6}\right)^1 \cdot \left(\frac{5}{6}\right)^4 +$$
$$+ \binom{5}{2} \cdot \left(\frac{1}{6}\right)^2 \cdot \left(\frac{5}{6}\right)^3 \approx 0{,}9645 \triangleq 96{,}45\,\%$$

Gegenereignis zu Teilaufgabe c.

B68. Ein Unternehmen stellt Computerchips her, von denen 2 % Ausschuss sind.

a) Wie groß ist die Wahrscheinlichkeit, dass von 100 Chips **keiner** defekt ist?

$$P_{0,02}^{100}(X = 0) = \binom{100}{0} \cdot 0,02^0 \cdot 0,98^{100} =$$
$$= 0,1326 \triangleq 13,26\,\%$$

b) Wie groß ist die Wahrscheinlichkeit, dass von 100 Chips **mindestens einer defekt** ist?

$$P(X \geq 1) = 1 - P(X = 0) = 1 - 0,1326 = 0,8674$$

c) Wie viele Chips müssten mindestens produziert werden, damit mit **mindestens 90%-iger** Sicherheit **mindestens ein defekter** Chip dabei ist?

$$P(\text{mindestens einer defekt}) = 1 - P(\text{keiner defekt}) =$$
$$= 1 - \binom{100}{0} \cdot 0,02^0 \cdot 0,98^n = \mathbf{1 - 0,98^n}$$

$1 - 0,98^n$ soll größer als $0,90$ sein $\Rightarrow$

$1 - 0,98^n \geq 0,90$	(Lösung einer Ungleichung)
$0,98^n \leq 0,10$	(Logarithmieren)
$n \cdot \lg 0,98 \leq \lg 0,1$	(Division durch die negative Zahl $\lg 0,98$
$n \geq 113,97$	kehrt die Ungleichung um)

Nach der Produktion von mehr als **113 Chips** ist mit 90 % Wahrscheinlichkeit mindestens ein defekter Chip dabei.

Beachte:
Bei Division oder Multiplikation mit einer negativen Zahl wird das **Ungleichheitszeichen** in Ungleichungen **umgekehrt**. Im Beispiel 68c wird durch einen Logarithmus dividiert, dessen Argument kleiner als Eins ist, womit der Wert des Logarithmus negativ ist.

B69. In einem Multiple-Choice-Test werden **zehn** Aufgaben gestellt. bei denen man von vier angegebenen Antworten eine richtige ankreuzen muss. Um den Test zu bestehen, müssen mindestens 80 % der Aufgaben richtig gelöst werden.

a) Mit welcher Wahrscheinlichkeit könnte man den Test bestehen, wenn man völlig unvorbereitet ist und die Lösungen zufällig ankreuzt.

$n = 10; \ p = \frac{1}{4}; \ k = 8$

$$P^{10}_{\frac{1}{4}}(X \geq 8) = \binom{10}{8} \cdot \left(\frac{1}{4}\right)^8 \cdot \left(\frac{3}{4}\right)^2 +$$
$$+ \binom{10}{9} \cdot \left(\frac{1}{4}\right)^9 \cdot \left(\frac{3}{4}\right)^1 + \binom{10}{10} \cdot \left(\frac{1}{4}\right)^{10} \cdot \left(\frac{3}{4}\right)^0 =$$
$$= 0{,}00039 + 0{,}0000286 + 0{,}00000095 \approx 0{,}00042$$

Mit einer sehr geringen Wahrscheinlichkeit von etwa **0,04 %** könnte man durch willkürliches Ankreuzen den Test bestehen.

b) Mit welcher Wahrscheinlichkeit kreuzt man **genau die Hälfte** der Fragen richtig an, wenn die Lösungen lediglich erraten wurden?

$$P^{10}_{\frac{1}{4}}(X = 5) = \binom{10}{5} \cdot \left(\frac{1}{4}\right)^5 \cdot \left(\frac{3}{4}\right)^5 \approx 0{,}0584 \triangleq \mathbf{5{,}84}\,\%$$

B70. Eine Maschine besteht aus zehn unabhängig voneinander arbeitenden Teilen. Jedes Teil funktioniert mit der Wahrscheinlichkeit **p nicht**. Fallen **mindestens zwei** dieser Teile aus, wird die Maschine funktionsunfähig.

a) Gib die dazu passende Bernoulli-Formel an.

X: „Anzahl der Teile, die nicht funktionieren"
Maschine funktioniert noch bei $P(X < 2) = P(X \leq 1)$, also bei höchstens einem defekten Teil.

$$P^{10}_{p}(X \leq 1) = \binom{10}{0} \cdot p^0 \cdot (1-p)^{10} + \binom{10}{1} \cdot p^1 \cdot (1-p)^9$$

b) Wie groß darf die Ausfallwahrscheinlichkeit p höchstens sein, damit die Maschine mit mindestens **90 %** Sicherheit arbeiten kann?

Herantasten an die Ausfallwahrscheinlichkeit **ohne** Verwendung von Tabellen:

(1) Sei $\boxed{p = 0{,}1}$:

$$P^{10}_{0,1}(X \leq 1) = \binom{10}{0} \cdot 0{,}1^0 \cdot 0{,}9^{10} + \binom{10}{1} \cdot 0{,}1^1 \cdot 0{,}9^9 \approx$$
$$\approx 0{,}3487 + 0{,}3874 \approx 0{,}7361 < 90\,\%$$

Bei einer Ausfallwahrscheinlichkeit von $0{,}1 \triangleq 10\,\%$ funktioniert die Maschine nur mit einer Wahrscheinlichkeit von 73,6 %.

Zu B70.

(2) Wähle $\boxed{p = 0{,}05}$:

$P_{0{,}05}^{10}(X \le 1) =$

$= \binom{10}{0} \cdot 0{,}05^0 \cdot 0{,}95^{10} + \binom{10}{1} \cdot 0{,}05^1 \cdot 0{,}95^9 \approx$

$\approx 0{,}5987 + 0{,}3151 \approx \mathbf{0{,}9138} \approx \mathbf{91{,}4\ \% > 90\ \%}$

(3) Sei $\boxed{p = 0{,}055}$:

$P_{0{,}055}^{10}(X \le 1) =$

$= \binom{10}{0} \cdot 0{,}055^0 \cdot 0{,}945^{10} + \binom{10}{1} \cdot 0{,}055^1 \cdot 0{,}945^9 \approx$

$\approx 0{,}5680 + 0{,}3306 \approx \mathbf{0{,}8986 < 90\ \%}$

(4) Wähle $\boxed{p = 0{,}054}$:

$P_{0{,}054}^{10}(X \le 1) =$

$= \binom{10}{0} \cdot 0{,}054^0 \cdot 0{,}946^{10} + \binom{10}{1} \cdot 0{,}054^1 \cdot 0{,}946^9 \approx$

$\approx 0{,}5740 + 0{,}3277 \approx \mathbf{0{,}9027 > 90\ \%}$

Bei einer Ausfallwahrscheinlichkeit der Einzelteile von **5,4 %** funktioniert die Maschine noch zu 90,27 % Sicherheit. Bei 5,5 % Ausfallwahrscheinlichkeit der Teile hätte sie eine Funktionswahrscheinlichkeit von nur etwa 89,8 %.

b) Bestimmen der Ausfallwahrscheinlichkeit mittels **kumulierter Binomialverteilungstabellen**; z. B.
https://www.arndt-ruenner.de/mathe/scripts/binverttab.htm

$p = \mathbf{0{,}05453} \triangleq 5{,}453\ \%$ ergibt Ausfallwahrscheinlichkeit von genau **90,00 %.**

B71. Max hat sich ein Würfelspiel überlegt, bei dem er
zuerst würfelt und dann ein anderer Schüler.
Wenn der Mitschüler eine höhere Zahl als Max
würfelt, gewinnt dieser Schüler.
a) Wie oft muss der Schüler würfeln, damit seine
Gewinnchance über 90 % liegt?

Der Schüler gewinnt, wenn er eine 6 würfelt und
Max 1, 2, 3, 4 oder 5 wirft,
wenn er eine 5 würfelt und Max 1, 2, 3 oder 4 wirft,
wenn er eine 4 würfelt und Max 1, 2 oder 3 wirft,
wenn er eine 3 würfelt und Max 1 oder 2 oder
wenn er eine 2 würfelt und Max eine 1.

Von insgesamt 36 möglichen Würfelkombinationen,
gewinnt der Mitschüler bei $5 + 4 + 3 + 2 + 1 = 15$
Möglichkeiten.
Gewinnwahrscheinlichkeit des **Mitschülers**:
$$p = \frac{15}{36} = \frac{5}{12}$$
Gewinnchance von **Max**: $q = 1 - p = \frac{7}{12}$

Nun wird eine natürliche Zahl n gesucht, die angibt, nach
wie vielen Versuchen ein Sieg von Max
unwahrscheinlicher als 10 Prozent ist:
$$\left(\frac{7}{12}\right)^n < 0{,}1 \quad \text{logarithmieren beider Ungleichungsseiten}$$
$$n > \frac{\lg 0{,}1}{\lg \frac{7}{12}} \approx 4{,}27$$
Der Schüler muss also **mehr als viermal** spielen, um mit
mehr als 90 % Wahrscheinlichkeit zu gewinnen.

Beachte: Die Division durch die negative Zahl $\lg \frac{7}{12}$ dreht
das Ungleichheitszeichen um.

93

Zu B71.

b) Fünf Schüler (S) spielen **zehnmal** mit Max (M).

b1) Wie wahrscheinlich ist es, dass **kein Schüler gewinnt**?

$$P(S = 0) = \binom{10}{0} \cdot \left(\frac{5}{12}\right)^{0} \cdot \left(\frac{7}{12}\right)^{10} \approx 0{,}046\,\%$$

b2) Wie wahrscheinlich ist es, dass **Max genau dreimal gewinnt**?

$$P(M = 3) = \binom{10}{3} \cdot \left(\frac{5}{12}\right)^{7} \cdot \left(\frac{7}{12}\right)^{3} \approx 5{,}20\,\%$$

b3) Wie wahrscheinlich ist es, dass die **Mitschüler mehr als achtmal gewinnen**?

$$P(S > 8) =$$
$$= \binom{10}{9} \cdot \left(\frac{5}{12}\right)^{9} \cdot \left(\frac{7}{12}\right)^{1} + \binom{10}{10} \cdot \left(\frac{5}{12}\right)^{10} \cdot \left(\frac{7}{12}\right)^{0} \approx$$
$$\approx 0{,}002366 \approx \mathbf{0{,}24\,\%}$$

Aufgaben:

A64. Abituraufgabe

Ein Gepäck von Flugreisenden besteht zu 60 % aus Koffern und zu 30 % aus Reisetaschen.
Die Koffer sind zu 25 % in blauer Farbe.
Am Flughafen werden alle 80 Gepäckstücke auf das Entnahmeband geladen.

a) Begründe, dass die Wahrscheinlichkeit für einen blauen Koffer 0,15 beträgt.

b) Berechne folgende Wahrscheinlichkeiten:

A: „Unter den entladenen Gepäckstücken sind genau 12 blaue Koffer"

B: „Unter den entladenen Gepäckstücken sind höchstens 12 blaue Koffer"

C: „Erst das sechste Gepäckstück auf dem Band ist ein blauer Koffer"

D: „Spätestens das vierte Gepäckstück ist ein Koffer beliebiger Farbe"

E: „Unter den 80 Gepäckstücken sind mindestens 48 und höchstens 52 Koffer"

c) Beschreiben Sie ein Ereignis E aus dem obigen Sachverhalt, dessen Wahrscheinlichkeit wie folgt berechnet wird:

$$P(E) = \binom{80}{8} \cdot 0{,}1^8 \cdot 0{,}9^{72} + \binom{80}{9} \cdot 0{,}1^9 \cdot 0{,}9^{71}$$

d) Wie viele Gepäckstücke müssen mindestens über das Band gelaufen sein, damit mit 99,9-prozentiger Sicherheit mindestens eine Reisetasche dabei ist?

A65. Abituraufgabe

Ein Internethändler erhält jeden versendeten Artikel mit einer Wahrscheinlichkeit von 30 % zurück. An einem bestimmten Tag werden ein Fernseher, drei Kameras, fünf Musikspieler und sechs Smartphones versendet.

Bestimmen Sie die Wahrscheinlichkeiten folgender Ereignisse:

A: „Es werden genau zwei Artikel zurückgegeben"

B: „Die einzigen zurückgegebenen Artikel sind zwei Kameras"

C: „Die Kunden behalten mindestens 13 Artikel"

A66. Abituraufgabe

Zwanzig ehemalige Auszubildende treffen sich im Ausbildungsbetrieb. Acht von ihnen haben die Lehre in zwei Jahren erfolgreich abgeschlossen, neun in drei Jahren. Die restlichen hatten die Lehre abgebrochen.

Der Ausbilder berichtet stolz, dass derzeit nur noch 10 % seiner Azubis die Lehre abbrechen.

a) Mit welcher Wahrscheinlichkeit schließen die nächsten fünf Azubis die Lehre erfolgreich ab?

b) Mit welcher Wahrscheinlichkeit schließen mindestens vier der nächsten fünf Azubis die Lehre erfolgreich ab?

A67. Abituraufgabe

Ein Kioskbetreiber verkauft Bratwürste. Er prüft stets 50 Würste auf ihr Mindestgewicht. Sind höchstens drei Würste untergewichtig, so nimmt er die Lieferung an. Mit welcher Wahrscheinlichkeit kommt es zu einer Ablehnung, wenn die Wahrscheinlichkeit für eine untergewichtige Bratwurst 0,05 beträgt?

A68. Abituraufgabe

In einer Schachtel befinden sich unterschiedliche Schraubentypen: 50 a-Schrauben, 110 b-Schrauben und 20 c-Schrauben.

Es werden genau fünf Schrauben entnommen.

a) Mit welcher Wahrscheinlichkeit erhält man genau drei b-Schrauben?

b) Mit welcher Wahrscheinlichkeit befindet sich unter den fünf Schrauben höchstens eine c-Schraube?

c) Von den Schrauben sind erfahrungsgemäß 3 % defekt. Es werden 106 fehlerfreie b-Schrauben benötigt. Mit welcher Wahrscheinlichkeit reichen 110 Schrauben aus?

d) Zu den Schrauben wurden Regalböden gekauft, von denen 5 % Mängel aufweisen.

d1) Mit welcher Wahrscheinlichkeit sind die ersten fünf Regalböden mängelfrei?

d2) Mit welcher Wahrscheinlichkeit befinden sich unter 28 Regalböden genau vier mit einem Mangel?

d3) Beschreiben Sie in diesem Zusammenhang ein Ereignis, das mit der Wahrscheinlichkeit

$$P(E) = 1 - \sum_{k=0}^{4} \binom{28}{k} \cdot 0{,}05^k \cdot 0{,}95^{28-k}$$ eintritt.

A69. Abituraufgabe
Ein Psychologe geht aufgrund von Untersuchungen an mehreren tausend Probanden davon aus, dass 3 % aller deutschen Schüler mathematisch hochbegabt sind. Zur Überprüfung einer derartigen Begabung werden 100 Schüler ausgewählt.

a) Berechnen Sie die Wahrscheinlichkeit folgender Ereignisse: :
A: „Unter den getesteten Schülern befinden sich **genau drei** Hochbegabte"
B: „Unter den getesteten Schülern befinden sich **mindestens drei** Hochbegabte"
C: Berechne $A \cup \overline{B}$
D: „Der zehnte getestete Schüler ist der erste mathematisch Hochbegabte"
E: „Spätestens der zehnte getestete Schüler ist der erste mathemaisch Hochbegabte"

b) Wie viele Schüler müsste man mindestens testen, wenn mit einer Wahrscheinlichkeit von mehr als 0,95 am Ende mindestens 30 Schüler als mathematisch hochbegabt bekannt sein sollen?

II. Statistik

17. Testen von Hypothesen

17.1 Historisches zu Hypothesen

Schon der trojanische Prinz Paris sollte entscheiden, welche der Göttinnen Hera, Athene oder Aphrodite die schönste ist. Schließlich überreichte er Aphrodite einen „goldenen Apfel".
Dies gelang ihm natürlich ohne statistische Berechnung, lediglich nach Gefühl.

Blaise Pascal (1623 – 1662), Jakob Bernoulli (1654 – 1705) und viele andere Mathematiker beschäftigten sich auf mathematische Weise mit Entscheidungsproblemen.

Der schottische Arzt John Arbuthnot (1667 – 1735) veröffentlichte im Jahre 1710 einen „mathematischen Gottesbeweis". Ihm war aufgefallen, dass in allen 82 von ihm ausgewerteten Geburtsstatistiken mehr Jungen als Mädchen geboren worden waren. Arbuthnot führte diesen Zufall auf göttliche Vorsehung zurück. Wegen seiner zahlenmäßigen Erhebungen wird John Arbuthnot heute als Vorreiter statistischer Tests angesehen.

Die eigentliche Testtheorie entwickelten in der ersten Hälfte des 20. Jahrhunderts Jerzy Neyman (1894 - 1981) und Egon Sharpe Pearson (1895 – 1980).

17.2 Vorgehensweise beim Testen von Hypothesen

(1) Eine Fragestellung wird zuerst in Hypothesenform gebracht.
(2) Eine Hypothese ist eine unbewiesene Annahme. Diese will man widerlegen und nachweisen, dass stattdessen eine Alternativhypothese gilt.
(3) Deswegen müssen sich zwei Hypothesen H_1 und H_2 widersprechen.

Hinweis:
In der Literatur wird auch im Alternativtest für H_1 die **Nullhypothese H_0** verwendet, die beim Signifikanztest sehr wichtig ist. Um die beiden Testverfahren besser unterscheiden zu können, werden in diesem Lehrwerk H_1 und H_2 bei Alternativhypothesen und H_0 mit H_1 bei Signifikanztests verwendet.

17.3 Möglicher Test einer Hypothese

Beispiel B72.
Möchte man durch einen Test nachweisen, dass Männer im Durchschnitt mehr verdienen als Frauen, könnte man zahlreiche Berufstätige nach ihrem Gehalt fragen.

17.3.1 Hypothesen (Annahmen)

Zu B72.
H_1: Frauen und Männer bekommen das gleiche Gehalt.
H_2: Männer bekommen ein höheres Gehalt als Frauen.

17.3.2 Das Signifikanzniveau

Eine Hypothese kann nie mit absoluter Sicherheit bestätigt oder widerlegt werden, sondern immer nur mit einer gewissen Wahrscheinlichkeit.
So könnte eine Hypothese abgelehnt werden, obwohl sie eigentlich wahr ist.

Daher muss vor Testbeginn ein **Signifikanzniveau „α"** festgelegt werden, das die maximale Wahrscheinlichkeit bestimmt, mit der ein derartiger Fehler vorkommen darf.
Das Signifikanzniveau gibt an, wie hoch das Risiko sein darf, das man einzugehen bereit ist, eine falsche Entscheidung zu treffen.
Meist wird ein **Signifikanzwert von $\alpha = 0,05$** verwendet, was im Allgemeinen als **5 %** ausgedrückt wird.

Bei einem **höheren Wert als 0,05** würde man H_1 ablehnen, obwohl diese Hypothese eigentlich zutrifft (**Fehler 1. Art**).
In diesem Fall wäre die Wahrscheinlichkeit die Hypothese H_1 zu akzeptieren, obwohl in Wirklichkeit H_2 vorliegt, wesentlich geringer.

Mit einem **niedrigeren Signifikanzniveau als 0,05** sinkt die Wahrscheinlichkeit, einen Fehler erster Art zu begehen. Gleichzeitig erhöht sich die Wahrscheinlichkeit H_1 nicht zurückzuweisen, wenn diese Hypothese nicht zutrifft (**Fehler 2. Art**).

Ziel ist es also, einen α-Wert zu finden, bei dem sich die Fehler 1. und 2. Art in etwa die Waage halten. Bei den meisten Testreihen ist dies bei einem Signifikanzniveau um 0,05 der Fall.

101

Vier Entscheidungsmöglichkeiten:

1. Die Hypothese **H_1 wird abgelehnt** und die Alternativhypothese H_2 als richtig angenommen.

1.1 In Wirklichkeit gilt jedoch die Hypothese H_1, welche damit fälschlicherweise abgelehnt wurde:
Fehler 1. Art.

1.2 Die Gültigkeit der Alternativhypothese H_2 wird rechnerisch bestätigt.
Somit wurde H_1 zurecht abgelehnt.

2. Die Hypothese **H_1 wird anerkannt**.

2.1 Die Gültigkeit der Ausgangshypothese H_1 wird rechnerisch bestätigt, womit alles in Ordnung ist.

2.2 Tatsächlich gilt jedoch die Alternativhypothese H_2, was allerdings durch den Test nicht bestätigt werden konnte:
Fehler 2. Art

18. Alternativtest

Für eine **Testgröße Z** gibt es über einen Ergebnisraum Ω **zwei einfache Hypothesen**:

H_1: Z ist nach der Bernoulli-Formel $B_{n;p}(k)$ verteilt

H_2: Z ist nach der Bernoulli-Formel $B_{n;1-p}(k)$ verteilt

Der **Annahmebereich A** ist ein Ereignis in Ω für H_1 mit der Entscheidungsregel:

A tritt ein $\Rightarrow$ Entscheidung für H_1
$\overline{A}$ tritt ein, d. h. A tritt nicht ein $\Rightarrow$ Entscheidung für H_2

Wahrscheinlichkeiten für **Fehlentscheidungen**:

Fehler 1. Art:
Für die Wahrscheinlichkeit, dass der Annahmebereich **nicht** eintritt errechnet sich ein größerer Wert, als für den Annahmebereich selbst, obwohl die Hypothese H_1 gilt.

Fehler 2. Art:
Die Wahrscheinlichkeit des Annahmebereichs A ist größer als die für $\overline{A}$, obwohl die Hypothese H_1 gilt.

Hauptschritte:

(1) Man legt fest, was als Ausgangshypothese H_1 und was als Alternativhypothese H_2 zu formulieren ist. Dabei ist zu beachten, in welchem Maße Vorsicht angebracht ist bzw. womit man größere Risiken eingehen darf.

(2) Außerdem werden Annahme- bzw. Ablehnungsbereich für die Ausgangshypothese und das Signifikanzniveau für die Fehler erster und zweiter Art festgelegt.

Beispiele:

B73.
Bei einer Lieferung von Schrauben halten **15 %** die Maßtoleranzen nicht ein und werden dennoch als erste Wahl bezeichnet.
Als zweite Wahl werden die Schrauben bezeichnet, die einen Ausschussanteil von **40 %** aufweisen.
Mit einem **Entscheidungsverfahren** will man die Schrauben der jeweiligen Qualität zuordnen.

Dazu gibt es zwei **Hypothesen**:

H_1: Anteil defekter Schrauben mit p = 0,15 (1. Wahl)
H_2: Anteil defekter Schrauben mit p = 0,40 (2. Wahl)

Die beiden Hypothesen schließen einander aus, daher werden sie **Alternativen** genannt.

Man entnimmt **n = 10** Schrauben **mit** Zurücklegen.

Zu B73.

Ein mögliches Ergebnis wäre (0111001011) mit $0 \triangleq$ „defekt" und $1 \triangleq$ „in Ordnung".
Je nach Anzahl Z der defekten Schrauben entscheidet man sich für eine der beiden Hypothesen.

H_1: Z ist nach $B_{10;0,15}(k)$ verteilt
H_2: Z ist nach $B_{10;0,40}(k)$ verteilt

Die Frage ist, bis zu welchem **Annahmebereich A** eine Entscheidung für H_1 oder H_2 getroffen werden soll.

Entscheidungsregel:
$Z \leq k \Rightarrow$ Entscheidung für H_1, weil wenig defekte
Schrauben gezogen wurden.
$Z \leq k$ ergibt den **Annahmebereich** für H_1

$Z > k \Rightarrow$ Entscheidung für H_2, weil relativ viele defekte
Schrauben bei dem Test auftreten.
$Z > k$ ergibt den **Ablehnungsbereich** für H_1

Fehler 1. Art:
H_1 trifft zu ($p = 0,15$), aber man entscheidet sich für H_2, da recht viele defekte Stücke entnommen werden ($Z > k$):
$$B_{0,15}^{10}(k) = \sum_{i=k+1}^{10} \binom{10}{i} 0,15^i \cdot 0,85^{10-i}$$

Fehler 2. Art:
H_2 trifft zu ($p = 0,4$), man entscheidet sich aber für H_1, da wenige defekte Teile auftreten ($Z \leq k$):
$$B_{0,4}^{10}(k) = \sum_{i=0}^{k} \binom{10}{i} 0,4^i \cdot 0,6^{10-i}$$

Zu B73.

Entnimmt man nun **drei Stichproben**, so werden zwei Fälle (a) und (b) betrachtet:

a) $P_{0,15}^{10}(Z > 3) = 1 - P(Z \le 3) =$

$$= 1 - \left(\binom{10}{0} 0,15^0 \cdot 0,85^{10} + \binom{10}{1} 0,15^1 \cdot 0,85^9 + \right.$$
$$\left. + \binom{10}{2} 0,15^2 \cdot 0,85^8 + \binom{10}{3} 0,15^3 0,85^7 \right) =$$
$$= 1 - (0,1969 + 0,3474 + 0,2759 + 0,1299) \approx$$
$$\approx 0,04997 \approx 5\,\%$$

Man würde also zu etwa **5 %** die Schrauben **erster Wahl irrtümlich für zweite Wahl** halten. Der **Fehler 1. Art** tritt mit einer relativ **geringen** Wahrscheinlichkeit ein.

b) $P_{0,4}^{10}(Z \le 3) =$

$$= \binom{10}{0} 0,4^0 \cdot 0,6^{10} + \binom{10}{1} 0,4^1 \cdot 0,6^9 +$$
$$+ \binom{10}{2} 0,4^2 \cdot 0,6^8 + \binom{10}{3} 0,4^3 \cdot 0,6^7 \approx$$
$$\approx 0,00605 + 0,04031 + 0,12093 + 0,21450 = 0,3823 \triangleq$$
$$\triangleq 38,23\,\%$$

In etwa **38 %** der Fälle hält man die Schrauben **zweiter Wahl für gut**, weil wenig schlechte Schrauben entnommen wurden. Der **Fehler 2. Art** hat eine recht **hohe Wahrscheinlichkeit**.

Der Test beurteilt demnach die Ware zu vorteilhaft, was die Kunden täuschen kann, aber sich eventuell negativ auf das Ansehen der Firma auswirkt.

B74.

Aus einer Tagesproduktion von Prozessoren wird **20-mal** mit Zurücklegen eine Stichprobe entnommen.

Treffer Z sei: „Ziehen eines defekten Prozessors".
Menge aller möglichen Trefferzahlen Z:
$\Omega = \{0;1;2;\ldots;19;20\}$

H_1 : Ausschuss 10 %
H_2 : Ausschuss 30 %

Nach Ziehen der Stichprobe wird entschieden ob die Probe brauchbar (p = 10 %) oder mangelhaft ist (p = 30 %).

Entscheidungsregel:
Sind bei 20 gezogenen Prozessoren **höchstens 3 defekte Stücke** dabei, so entscheidet man sich für H_1, sonst für H_2.
Annahmebereich für H_1: $A = \{0;1;2;3\}$
Ablehnungsbereich (gegen H_1): $\overline{A} = \{4;5;\ldots;20\}$

Fehler 1. Art liegt vor, wenn die Produktion tatsächlich nur **10 % Mängel** hat, aber bei der Stichprobe **mehr als 3 defekte Teile** vorkommen:

$$P_{0,1}^{20}(Z > 3) = 1 - P(Z \le 3) =$$
$$= 1 - \left[\binom{20}{0} \cdot 0,1^0 \cdot 0,9^{20} + \binom{20}{1} \cdot 0,1^1 \cdot 0,9^{19} + \right.$$
$$\left. + \binom{20}{2} \cdot 0,1^2 \cdot 0,9^{18} + \binom{20}{3} \cdot 0,1^3 \cdot 0,9^{17}\right] \approx$$
$$\approx 1 - [0,12158 + 0,27018 + 0,28518 + 0,19012] =$$
$$= 1 - 086706 = 0,13294 \approx \textbf{13,3 \%}$$

Zu B74.

Mit **13,3 %** Wahrscheinlichkeit würde man demnach eine gute Produktion **versehentlich für eine schlechte Produktion** halten.

Fehler 2. Art liegt hier vor, wenn bei der Stichprobe **höchstens drei defekte Teile** erhalten werden, aber in Wirklichkeit die Produktion „mangelhaft" ist und damit **30 % Fehlerquote** zu erwarten gewesen wäre.

$$P_{0,3}^{20}(Z \leq 3) = \binom{20}{0} \cdot 0,3^0 \cdot 0,7^{20} + \binom{20}{1} \cdot 0,3^1 \cdot 0,7^{19} +$$
$$+ \binom{20}{2} \cdot 0,3^2 \cdot 0,7^{18} + \binom{20}{3} \cdot 0,3^3 \cdot 0,7^{17} \approx$$
$$\approx 0,000798 + 0,006839 + 0,027846 + 0,071804 \approx$$
$$\approx 0,1079 \approx \mathbf{10,8\ \%}$$

Hier würde man mit **10,8 %** Wahrscheinlichkeit die **schlechte Produktion als brauchbar** einstufen.

Die Wahrscheinlichkeiten für beide Fehlerarten unterscheiden sich hier nicht allzu sehr, liegen aber jeweils deutlich über dem üblichen Signifikanzniveau von 5 %.
Man sollte in diesem Fall die Testkriterien verändern. Eventuell eine größere Anzahl Prozessoren entnehmen und/oder den Annahmebereich verkleinern.

B75.

Ein Unternehmen stellt Geräte auf zwei verschiedenen Produktionsanlagen her. Die eine Anlage produziert wrfahrungsgemäß **5 %** Ausschuss, die veraltete Anlage liefert **10 %** Ausschuss.
Die Qualität der Geräte ist nicht gleich erkennbar.

Hinweis:
Wegen des größeren Imageschadens bei einem irrtümlichen Verkauf der zweiten Wahl als erste Wahl wird hier die Ausgangshypothese **H₁** mit der höheren Wahrscheinlichkeit von **10 %**, also der veralteten Anlage gewählt, damit der Fehler zweiter Art eine möglichst geringe Irrtumswahrscheinlichkeit hat.

Es wird ein Stichprobenumfang von **n = 50** und eine **Irrtumswahrscheinlichkeit** von $\alpha < 0{,}05$ gewählt.

Bei einem **Ablehnungsbereich** von **k = 0 bis k = 1** ergibt sich:

$$P_{0,1}^{50}(Z \leq 1) = \binom{50}{0} 0{,}1^0 \cdot 0{,}9^{50} + \binom{50}{1} 0{,}1^1 \cdot 0{,}9^{49} \approx$$
$$\approx 0{,}00515 + 0{,}02863 = 0{,}03378 \approx$$
$$\approx \mathbf{3{,}38\ \%} < \mathbf{0{,}05}\ (5\ \%)$$

Die schlechtere Qualität wird mit einer recht geringen Wahrscheinlichkeit von 3,38 % als erste Qualität angesehen.
Das Eintreten des **Fehlers 2. Art hält sich in Grenzen**, was gut für das Ansehen der Firma ist.

Zu B75.

Nun wird die bessere Qualität betrachtet:
H$_2$ mit p = 0,05
Ablehnungsbereich von **k > 1**.

$$P_{0,05}^{50}(Z \geq 2) = 1 - P_{0,05}^{50}(Z < 2) =$$

$$= 1 - \left(\binom{50}{0} 0,05^0 \cdot 0,95^{50} + \binom{50}{1} 0,05^1 \cdot 0,95^{49} \right) \approx$$

$$\approx 1 - (0,07694 + 0,20248) = 0,72057 \approx \mathbf{72,1\ \%}$$

Wie bereits gezeigt, würden nur in etwa **3,38 %** aller Fälle irrtümlich Geräte **zweiter Qualität als erste Qualität** verkauft.
Umgekehrt würde man in etwa **72,1 %** aller Fälle irrtümlich Geräte **erster Qualität als zweite Qualität** verkaufen.

Somit ist die Wahrscheinlichkeit, dass dem Unternehmen ein Imageschaden entsteht, sehr gering, da der Verkauf von Geräten erster Qualität als zweite Qualität den Kunden keinen Nachteil verursacht.

Zu beachten:
Bei einem **Ablehnungsbereich** von **k ≤ 2**, wenn man also bis zu zwei fehlerhafte Geräte zulassen würde, ergäbe sich für den Fehler 2. Art eine **deutlich größere Irrtumswahrscheinlichkeit** von 11,17 % (statt 3,38 %):

$$P_{0,1}^{50}(Z \leq 2) = \binom{50}{0} 0,1^0 \cdot 0,9^{50} + \binom{50}{1} 0,1^1 \cdot 0,9^{49} +$$

$$+ \binom{50}{2} 0,1^2 \cdot 0,9^{48} \approx 0,03378 + 0,07794 \approx$$

$$\approx \mathbf{0,1117} \gg 0,05$$

Aufgaben:

A70. Abituraufgabe

Eine Marktanalyse kommt zu dem Ergebnis, dass 3 % aller Besuche einer Reisebüro-Internetseite, die länger als drei Minuten dauern, zu einer Buchung führen. Dies soll sogar bei 4,5 % aller Fälle so sein. Untersuchen Sie, ob es möglich ist, mit einer Stichprobe von n = 1.100 den Alternativtest so durchzuführen, dass sowohl die Wahrscheinlichkeit für den Fehler 1. Art und den Fehler 2. Art jeweils höchstens 0,1 beträgt.

A71. Abituraufgabe

Ein Hersteller hat seine Fertigung modernisiert. Er testet nun, ob der Mängelanteil noch 5 % beträgt oder auf 1 % gesunken ist. Er will die Hypothese p = 0,01 genau dann verwerfen, wenn sich in der Stichprobe vom Umfang n = 200 mindestens sechs Stücke mit Mängeln befinden.

Welche Entscheidungsmöglichkeiten ergeben sich für den Hersteller nach Berechnung der Fehler 1. und 2. Art?

19. Signifikanztest

Die Situation, sich beim Alternativtest zwischen zwei Hypothesen entscheiden zu müssen, kommt in der Praxis selten vor.

Aufgrund von Erfahrungen oder Überlegungen legt man im Allgemeinen nur **eine** Vermutung fest, die sogenannte **Nullhypothese**.

Der Signifikanztest klärt, ob man eine Nullhypothese ablehnen kann oder nicht.

Vorgehensweise:

1. Nullhypothese H_0 formulieren und als Vergleich eine frei gewählte zweite Gegenhypothese festlegen.

2. Testgröße Z festlegen

3. Signifikanzniveau α angeben

4. Konstruktion eines möglichst großen kritischen Bereich k, mit $P_{H_0}(Z \in k) \leq \alpha$

Beispiele:

B76.

Der Ausschussanteil p von Transistoren beträgt mindestens 10 %. Es soll untersucht werden, ob der Ausschussanteil von 10 % zutrifft.

Dazu werden 20 Transistoren entnommen. Bei mehr als **vier** defekten Teilen wird die Nullhypothese von 10 % verworfen.

Nullhypothese H_0 $\quad p = 10\,\%$
Stichprobenlänge $\quad n = 20$ (mit Zurücklegen)
Annahmebereich $\quad A = \{0;1;2;3;4\}$
Ablehnungsbereich $\quad \overline{A} = \{5;\,6;\dots;19;\,20\}$
Signifikanzniveau: $\quad \alpha = 5\,\%$ (üblicher Testwert)
Entscheidungsregel $\quad$ Z: „Anzahl der defekten
$\qquad\qquad\qquad\qquad\qquad$ Transistoren der Stichprobe"

$Z > 4 \Rightarrow H_0$ wird verworfen
$Z \leq 4 \Rightarrow H_0$ wird akzeptiert

Fehler 1. Art:

H_0 mit $p = 0{,}1$ trifft zu, aber in der Stichprobe kommen **mehr als vier** defekte Stücke vor, weshalb H_0 **abgelehnt** wird.

$$P_{0,1}^{20}(Z > 4) = 1 - P_{0,1}^{20}(Z \leq 4) =$$

$$= 1 - [\binom{20}{0}\,0{,}1^0 \cdot 0{,}9^{20} + \binom{20}{1}\,0{,}1^1 \cdot 0{,}9^{19} +$$

$$+ \binom{20}{2}\,0{,}1^2 \cdot 0{,}9^{18} + \binom{20}{3}\,0{,}1^3 \cdot 0{,}9^{17} +$$

$$+ \binom{20}{4}\,0{,}1^4 \cdot 0{,}9^{16}\,] \approx$$

$$\approx 1 - [0{,}12158 + 0{,}27018 + 0{,}28518 + 0{,}19012 + 0{,}08978] =$$
$$= 1 - 0{,}95684 = 0{,}04316 \approx \mathbf{4{,}32\,\%} < \mathbf{5\,\%}$$

Zu B76

Bei mehr als vier defekten Transistoren, kann die Nullhypothese (10 % Ausschuss) unter dem **5 % Signifikanzniveau** (4,32 %) abgelehnt werden.
Defekte Geräte können also relativ gut erkannt werden.

Ein **Fehler 2. Art** liegt dann vor, wenn die Behauptung H_0 **nicht zutrifft**, also p > 10 % ist, die Stichprobe **aber höchstens 4 defekte** Stücke ergibt, sodass H_0 nicht verworfen wird.

Wähle p = 20 %:

$$P^{20}_{0,2}(Z \le 4) = \binom{20}{0} 0,2^0 \cdot 0,8^{20} + \binom{20}{1} 0,2^1 \cdot 0,8^{19} +$$
$$+ \binom{20}{2} 0,2^2 \cdot 0,8^{18} + \binom{20}{3} 0,2^3 \cdot 0,8^{17} +$$
$$+ \binom{20}{4} 0,2^4 \cdot 0,8^{16}$$
$$\approx 0,0115 + 0,0576 + 0,1369 + + 0,2054 + 0,2182 =$$
$$= 0,6296 \approx \mathbf{63\ \%} \gg 5\ \%$$

Mit einer sehr hohen Wahrscheinlichkeit von 63 % wird die Produktion für brauchbar gehalten, weil höchstens vier defekte Teile gezogen wurden, obwohl die Fehlerwahrscheinlichkeit größer als 10 % (hier 20 %) ist.

Dies spricht eindeutig gegen diesen Test.

B77. Abituraufgabe
Ein regelmäßiges Tetraeder trägt auf den
vier Seitenflächen die Ziffern 1, 2, 3 und 4.

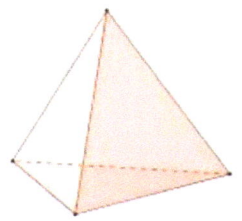

a) Entscheide mit einem Signifikanztest,
   ob das Tetraeder bei 50-maligem
   Werfen mit der Wahrscheinlichkeit
   p = 0,25 fällt.

H₀: Für das Liegen auf der Augenzahl Eins
gilt **p = 0,25**.

n = 50 wegen fünfzigmaligem Werfen

H₀ wird **nicht verworfen**, wenn bei 50 Würfen **mehr als
neunmal und höchstens 15-mal die Eins** unten liegt.

Fehler 1. Art:
p = 0,25 gilt; aber man entscheidet sich **gegen H₀**, weil
höchstens 9-mal oder **mehr als 15**-mal die Eins unten
liegt (bei 50 Würfen sollte theoretisch **12,5-mal „1"** unten
liegen).

$$P_{0,25}^{50}(Z \leq 9) + P_{0,25}^{50}(Z > 15) =$$

$$= P_{0,25}^{50}(Z \leq 9) + \left[1 - P_{0,25}^{50}(Z \leq 15)\right] =$$

$$= 0,1637 + (1 - 0,8369) = 0,3268 \approx \mathbf{32,7\ \%}$$

Die Wahrscheinlichkeit, sich gegen die richtige Hypothese
zu stellen ist recht groß.

Hinweis:
Kumulierte, also aufsummierte Binomialverteilungswerte
können   mit   dem   CAS-Rechner   über
binomCdf(50,0.25,0,9) = 0,1637 (zu finden unter
„menu"→ 5 → 5 → E (Binom Cdf) → n, p, untere
Schranke, obere Schranke) oder im Internet z. B.
https://matheguru.com/stochastik/binomialverteilung.html
aber auch aus Tabellenwerken entnommen werden.

Zu B77. a)

Fehler 2. Art:
Die „Eins-unten"-Wahrscheinlichkeit beträgt **nicht 0,25**.
H_0 wird jedoch **nicht abgelehnt**, da bei den fünfzig
Würfen zwischen 10- und 15-mal die Eins unten liegt.

Wähle **p = 30 %** (ungleich 25 % ist **frei wählbar**)

$$P_{0,3}^{50}(Z \le 15) - P_{0,3}^{50}(Z \le 9) \approx 0,5692 - 0,0402 =$$
$$= 0,529 \triangleq \textbf{52,9 \%}$$
(Tabellenwerk, CAS-Rechner oder Internet)

Mit einer sehr hohen Wahrscheinlichkeit wird H_0 **nicht**
abgelehnt, obwohl das Tetraeder nicht ideal fällt, also
vermutlich gefälscht ist.

b) Das **Signifikanzniveau** (Annahmebereich der
   Nullhypothese) soll nun **5 %** (Standardwert) betragen:

   (Ideale Trefferzahl bei 50 Würfen: $50 \cdot 0,25 = 12,5$
     mit $p = 0,25$)

   Gilt $Z \le 12-k$ oder $Z > 12+k$ so wird H_0 mit $p = 0,25$
   verworfen

   Im Falle von $12-k < Z \le 12+k$ wird H_0 mit $p = 0,25$
   angenommen

$$\left(P_{0,25}^{50}(Z \le k_1) \textbf{ oder } P_{0,25}^{50}(Z > k_2) \right) \le 5 \%$$
$$\left(P_{0,25}^{50}(Z \le k_1) \quad + \quad P_{0,25}^{50}(Z > k_2) \right) \le 5 \%$$

116

Zu B77. b)

Aufspaltung der 5 % auf zweimal 2,5 %:

$$P_{0,25}^{50}(Z \leq k_1) \leq \textbf{2,5 \%} \textbf{ und } P_{0,25}^{50}(Z > k_2) \leq \textbf{2,5 \%}$$

(1) $P_{0,25}^{50}(Z \leq k_1) \leq 2,5 \%$

$P_{0,25}^{50}(Z \leq k_1) \leq 0,025 \Rightarrow$

mit $\textbf{k}_1 = \textbf{6}$ gilt $P_{0,25}^{50}(Z \leq k_1) \approx 0,01939 < 0,025$

(aus **Tabelle**)

(mit $k_1 = 7$ gilt $P_{0,25}^{50}(Z \leq k_1) \approx 0,04526 > 0,025$)

$\Rightarrow \textbf{k}_1 \leq \textbf{6}$

(2) $P_{0,25}^{50}(Z > k_2) = 1 - P_{0,25}^{50}(Z \leq k_2) \leq$

$\leq 1 - 0,025 \leq \textbf{0,975}$

(mit $\textbf{k}_2 = \textbf{19}$ gilt $P_{0,25}^{50}(Z > k_2) \approx 0,98608 > 0,975$)

(Werte aus **Tabelle**)

mit $\textbf{k}_2 = \textbf{18}$ gilt $P_{0,25}^{50}(Z > k_2) \approx 0,97127 < 0,975$

$\Rightarrow \textbf{k}_2 \leq \textbf{19}$

Gilt demnach $\textbf{Z} \leq \textbf{6 oder Z} > \textbf{19}$, so wird H_0 (p = 0,25) mit einem Signifikanzniveau von 0,05 **verworfen**.
Bei $\textbf{6} < \textbf{Z} \leq \textbf{19}$ wird die Nullhypothese mit α = 0,05 **angenommen**.

Zu B77. b)

Das tatsächliche **Risiko 1. Art** ist:

$$P_{0,25}^{50}(Z \leq 6 \text{ oder } Z > 19) =$$
$$= P_{0,25}^{50}(Z \leq 6) + P_{0,25}^{50}(Z > 19) =$$
$$= P_{0,25}^{50}(Z \leq 6) + \left[1 - P_{0,25}^{50}(Z \leq 19)\right] =$$
$$= 0,01939 + (1 - 0,9861) = 0,03329 \approx \mathbf{3,33\,\%}$$
$$< \mathbf{5\,\%}$$

Mit CAS-Rechner:
binomCdf(50,0.25,0,6) = 0,01939 und
binomCdf(50,0.25,0,19) = 0,9861

Damit ist die Sicherheitswahrscheinlichkeit 1. Art
100 % - 3,33 % = 96,67 %

Wenn also beim Tetraeder p = 0,25 erfüllt ist, dann ist die Wahrscheinlichkeit für eine richtige Entscheidung größer als 96 %.

Aufgaben:

A72. Ein Meteorologe A sagt das Wetter mit der Wahrscheinlichkeit p = 0,6 und der Meteorologe B zu p = 0,8 richtig voraus. Ein Laie überprüft 20 Vorhersagen auf ihre Richtigkeit. Wenn mehr als 14 richtig sind, vermutet die Testperson, dass Wettermann B zuständig war.
   a) Mit welcher Wahrscheinlichkeit nimmt die Person zu Recht B als zuständig an?
   b) Mit welcher Wahrscheinlichkeit nimmt die Person zu Unrecht B als zuständig an?

A73. Von zwei äußerlich nicht unterscheidbaren Münzen weiß man, dass die eine gezinkt und die andere eine Laplace-Münze ist. Bei der gezinkten Münze tritt „Kopf" mit p = 0,3 (statt idealerweise 0,5) auf. Welche Fehlentscheidungen können auftreten, wenn bei 200 Würfen einer Münze, diese für die Laplace-Münze gehalten wird, wenn mehr als 80-mal „Kopf" auftritt?

A74. Es soll die Nullhypothese H_0: „Laplace-Münze geworfen" gemäß der Aufgabe 73 getestet werden.
   a) Die Nullhypothese soll abgelehnt werden, wenn höchstens 80-mal oder mehr als 119-mal Kopf auftritt.
   b) Das Risiko 1. Art soll auf **höchstens 0,1 %** gesenkt werden.

A75. Abituraufgabe
Der Verkäufer eines Bratwurststands vermutet, dass sich das Gewicht der ihm gelieferten Würste verringert hat. Er wählt deshalb 50 Würste als Zufallsprobe aus.
Die Wahrscheinlichkeit für eine untergewichtige Wurst beträgt 5 %.
Wie muss seine Entscheidungsregel lauten, wenn die Wahrscheinlichkeit, dass er sich mit seiner Annahme irrt, höchstens 0,01 betragen soll?

A76. Abituraufgabe
Ein Händler möchte seinen Umsatz erhöhen, indem er jedem versandten Artikel ein kostenloses Werbegeschenk beilegt. Dies lohnt sich jedoch nur, wenn der Anteil der zurückgegebenen Artikel nicht über 30 % ansteigt. Er führt deshalb eine Testaktion mit 100 Kunden durch.
Stellen Sie eine Entscheidungsregel auf, bei der die Irrtumswahrscheinlichkeit höchstens 10 % beträgt.

A77. Abituraufgabe
Ein Psychologe zweifelt an, dass in Deutschland 3 % Schüler mathematisch hochbegabt sind. Mit 2000 Schülerinnen und Schülern werden längerfristig die mathematischen Leistungen getestet und 46 Schüler als mathematisch hochbegabt eingestuft.
Kann der Dreiprozentwert bestätigt werden?

20. Ausgewählte Abituraufgaben

A78. In einer Fernsehveranstaltung werden Spiele mit sieben Kandidaten durchgeführt.

a) Da erfahrungsgemäß ein eingeladener Kandidat mit einer Wahrscheinlichkeit von 5 % nicht zur Sendung erscheint, werden insgesamt 9 Personen eingeladen. Mit welcher Wahrscheinlichkeit sind bei der Sendung mindestens 7 Kandidaten anwesend?

b) Bei der Begrüßung sitzen die 7 Kandidaten, 4 Frauen und 3 Männer, in einer Reihe. Wie viele Sitzanordnungen gibt es, wenn hinsichtlich der Personen unterschieden wird und

(1) die beiden Randplätze von Männern besetzt werden sollen.

(2) sich in der Reihe Männer und Frauen stets abwechseln sollen?

Die Spiele werden mit einer „Glückswand" durchgeführt. Diese besteht aus 20 Feldern, auf die – zunächst unsichtbar – zufällig fünfmal die Zahl 200, viermal die Zahl 500 und dreimal die Zahl 1000 verteilt werden. Die übrigen Felder bleiben leer.

c) Wie viele derartige Verteilungen gibt es?

d) In der ersten Spielrunde decken die Kandidaten bei jedem Versuch zwei Felder zugleich auf. Ein Versuch gilt als erfolgreich, wenn dabei zwei gleiche Zahlen erscheinen.

(1) Mit welcher Wahrscheinlichkeit verläuft ein Versuch erfolgreich?

(2) Ein Kandidat, der bei drei Versuchen nicht wenigstens einmal erfolgreich ist, scheidet aus. Mit welcher Wahrscheinlichkeit scheiden genau fünf von den sieben Kandidaten aus?

Zu A78.

e) In der Endrunde darf ein Kandidat nacheinander beliebig viele der 20 Felder aufdecken.
Erscheint ein Leerfeld, so hat er verloren. Anderenfalls gewinnt er die Summe der aufgedeckten Zahlen als Euro-Betrag.

(1) Ein Kandidat hat bereits zwei Zahlenfelder aufgedeckt.
Mit welcher Wahrscheinlichkeit geht er leer aus, wenn er noch ein drittes Feld aufdeckt?

(2) Untersuchen Sie die folgenden Ereignisse auf Unabhängigkeit.
A: „Das erste aufgedeckte Feld zeigt die Zahl 200.“
B: „Die ersten beiden aufgedeckten Felder ergeben eine Summe größer als 1000.“

f) Kandidat K behauptet, hellseherische Fähigkeiten zu besitzen und Zahlenfelder mit erhöhter Wahrscheinlichkeit zu erkennen. In einem Test muss er 200-mal versuchen, ein Tausenderfeld zu finden. Nach jedem Versuch werden die Zahlen neu verteilt. K sollen mit einer Wahrscheinlichkeit von höchstens 10 % irrtümlich hellseherische Fähigkeiten zugebilligt werden.
Ermitteln Sie die Entscheidungsregel.

A79. In einem Kaufhaus sollen aufgrund verlängerter Öffnungszeiten zwölf neue Mitarbeiter eingestellt werden.

a) In Abteilung A sind 5 Stellen zu besetzen, in Abteilung B 7 Stellen. Für Abteilung A bewerben sich 8 und für Abteilung B 10 Personen. Wie viele Möglichkeiten gibt es, die offenen Stellen zu besetzen, wenn die Stellen innerhalb jeder Abteilung
(1) nicht unterschieden werden,
(2) als verschieden angesehen werden?

b) Bei der Begrüßung sitzen die 12 neuen Mitarbeiter, 8 Frauen und 4 Männer in zwei Reihen zu je 6 Stühlen. Wie viele Sitzanordnungen gibt es, wenn nur nach Frauen und Männern unterschieden wird und
(1) in jeder Reihe zwei Männer sitzen,
(2) die vier Männer nebeneinander sitzen?

c) Die Wahrscheinlichkeit, dass Mitarbeiter in Kaufhäusern bereit sind, auch abends zu arbeiten, sei p.
(1) Wie groß ist im Fall p = 0,8 die Wahrscheinlichkeit dafür, dass von den 12 neuen Mitarbeitern mindestens 10 bereit sind, auch abends zu arbeiten?
(2) Wie groß müsste p mindestens sein, damit mit einer Wahrscheinlichkeit von mindestens 50 % alle 12 Mitarbeiter bereit sind, auch abends zu arbeiten?

Zu A79.

d) 45 % aller Kunden des Kaufhauses sind
männlich. 50 % aller Kunden kaufen auch abends
ein. 25 % aller Kunden sind weiblich und kaufen
abends nicht ein. Untersuchen Sie die folgenden
Ereignisse auf Unabhängigkeit:
M: „Ein zufällig ausgewählter Kunde ist
männlich."
A: „Ein zufällig ausgewählter Kunde kauft auch
abends ein."

e) Die Kaufhausleitung will die verlängerten
Öffnungszeiten nur beibehalten, wenn diese von
wenigstens 40 % der Kunden gewünscht werden.
Dazu werden 200 zufällig ausgewählte Kunden
befragt. Die Wahrscheinlichkeit dafür, irrtümlich
von den verlängerten Öffnungszeiten abzugehen,
soll höchstens 5 % betragen.
(1) Ermitteln Sie die zugehörige
Entscheidungsregel.
(2) Wie groß ist bei der Entscheidungsregel aus
Teilaufgabe e(1) die Wahrscheinlichkeit
dafür, die verlängerten Öffnungszeiten
beizubehalten, obwohl diese nur von 30 % der
Kunden gewünscht werden?

A80. Eine Schokoladenfabrik stellt Schokoriegel und Pralinen her. Um den Verkauf der Riegel zu fördern, wird einem Teil entsprechend dem Werbespruch „In jedem siebten Riegel liegt ein Zauberspiegel" ein Werbegeschenk beigelegt. Marion kauft 14 Riegel und öffnet sie nacheinander.

a) Wie groß ist die Wahrscheinlichkeit dafür, dass sie
   (1) in den letzten beiden Riegeln je einen Spiegel findet?
   (2) nur in den beiden letzten Riegeln je einen Spiegel findet?
   (3) insgesamt zwei Spiegel findet?

b) Ein Vater kauft für seine beiden Kinder Schokoriegel. Er erwirbt die doppelte Anzahl Riegel, die er wenigstens bräuchte, um mit mehr als 90 % Wahrscheinlichkeit mindestens einen Spiegel zu erhalten.
   Mit welcher Wahrscheinlichkeit erhält er dann für jedes Kind mindestens einen Spiegel?

c) Eine Umfrage ergibt, dass im Mittel 7 von 10 Befragten den Schokoriegel und 2 von 3 Befragten die Pralinen der Firma kennen. 90 % der Befragten kennen wenigstens eines der beiden Produkte. Untersuchen Sie, ob für die Bekanntheit der Produkte stochastische Unabhängigkeit zutrifft.

Zu A80.

d) Zur Steigerung des Bekanntheitsgrads beauftragt die Firma eine Agentur mit einer Werbekampagne. Es wird vereinbart, dass die Agentur eine besondere Prämie bekommen soll, wenn nach der Kampagne mindestens 95 % der Bevölkerung den Markennamen kennen. Es wird eine Umfrage unter 200 zufällig ausgewählten Personen durchgeführt. Bestimmen Sie die für die Schokoladenfirma günstigste Vereinbarung mit der Agentur, bei der die Prämie mit einer Wahrscheinlichkeit von mehr als 80 % ausgezahlt wird, falls ein Bekanntheitsgrad von 95 % erreicht würde.

e) Zum Jahreswechsel hat die Firmenchefin (eine Hobbymathematikerin) unter ihren Mitarbeitenden ein Preisrätsel veranstaltet. Diese sollen zwei Fragen beantworten:

(1) Auf wie viele Arten kann man die Primfaktoren in der Primfaktordarstellung der Zahl 4200 anordnen?

(2) Wie viele verschiedene Teiler hat die Zahl 4200?

A81. Ein Konzern stellt Mikrochips her. Jeder produzierte Chip ist mit einer Wahrscheinlichkeit von 15 % fehlerhaft.

a) Mit welcher Wahrscheinlichkeit sind von 100 Chips genau 15 fehlerhaft?

b) Bestimmen Sie das kleinstmögliche Intervall mit dem Mittelpunkt 15, in dem bei insgesamt 100 Chips die Anzahl der fehlerhaften Chips mit einer Wahrscheinlichkeit von mindestens 85 % liegt.

c) Wie viele Chips müssen bei der Produktion mindestens entnommen werden, damit mit einer Wahrscheinlichkeit von mehr als 99 % wenigstens ein fehlerhafter dabei ist?

d) Zur Aussonderung fehlerhafter Chips wird ein Prüfgerät eingesetzt, von dem bekannt ist: Unter allen geprüften Chips beträgt der Anteil der Chips, die einwandfrei sind und dennoch ausgesondert werden, 3 %. Insgesamt werden 83 % aller Chips nicht ausgesondert. Bestimmen Sie die Wahrscheinlichkeit dafür, dass ein Chip fehlerhaft ist und ausgesondert wird. Welcher Anteil der fehlerhaften Chips wird demnach ausgesondert.

e) Der Konzern beauftragt ein Expertenteam mit Maßnahmen zur Qualitätsverbesserung. Falls der Anteil der fehlerhaften Chips deutlich gesenkt werden kann, wird dem Team eine Prämie gezahlt. Nach Abschluss der Verbesserungsmaßnahmen wird der Produktion eine Stichprobe von 200 Chips entnommen. Befinden sich darunter höchstens 22 fehlerhafte, wird die Prämie gewährt.

Zu A81.e)

(1) Mit welcher Wahrscheinlichkeit erhält das Team die Prämie, obwohl keine Qualitätsverbesserung eingetreten ist?

(2) Mit welcher Wahrscheinlichkeit wird dem Team die Prämie verweigert, obwohl der Anteil der fehlerhaften Chips auf 10 % gesunken ist?

Die nebenstehende Tabelle gibt Auskunft über die Zusammensetzung des Expertenteams.

	Frauen	Männer
Deutsche	3	2
Engländer	2	1
Franzosen	1	3

Nach Abschluss ihrer Arbeiten treffen sich die 12 Mitglieder des Teams zu einem Abschiedsabend.

f) In einem Lokal sind ein Vierertisch und ein Achtertisch reserviert. Wie viele Möglichkeiten gibt es, die Tische zu besetzen, wenn es auf die Sitzordnung an den einzelnen Tischen nicht ankommt und wenn an jedem Tisch
   (1) gleich viele Männer und Frauen sitzen sollen?
   (2) mindestens zwei deutsche Mitglieder sitzen sollen?

g) Zu vorgerückter Stunde wird getanzt. Die Tanzpaarungen werden auf folgende Weise ausgelost: In einem Hut befinden sich 6 gefaltete Zettel mit den Namen der Damen. Die Herren ziehen nacheinander zufällig je einen Zettel. Berechnen Sie die Wahrscheinlichkeit dafür, dass sich unter den 6 Tanzpaaren genau zwei deutsche Paare befinden.

A82. Bei einem Fußball-Turnier stehen die Mannschaften A und B im Endspiel. Vom Trainer der Mannschaft A werden vier der sieben verfügbaren Abwehrspieler, vier der fünf Mittelfeldspieler, zwei der sechs Angriffsspieler und einer der drei Torhüter ausgewählt.

a) Wie viele Möglichkeiten hat der Trainer, seine Mannschaft zusammenzustellen?

b) Vor dem Spiel sollen sich die elf ausgewählten Spieler für ein Gruppenfoto so in eine Reihe stellen, dass die Abwehr-, die Mittelfeld- und die Angriffsspieler jeweils nebeneinander stehen und der Torwart am Rand steht. Wie viele Möglichkeiten gibt es hierfür?

c) Für den Torhüter beträgt die Wahrscheinlichkeit 2 %, dass er während des Spiels verletzt wird und ausgewechselt werden muss, für jeden der zehn Feldspieler liegt der entsprechende Wert bei 5 %. Mit welcher Wahrscheinlichkeit wird im Laufe des Spiels keiner der 11 Aktiven einer Mannschaft wegen Verletzung ausgewechselt?

Da das Spiel nach Ablauf der regulären Spielzeit unentschieden steht, folgt ein Elfmeterschießen. Im Folgenden kann vereinfachend davon ausgegangen werden, dass jeder Spieler von A mit einer Wahrscheinlichkeit von 75 % einen Elfmeter verwandelt, während jeder Spieler von B eine Trefferquote von 70 % hat.

d) Wie viele Elfmeter muss Mannschaft A mindestens schießen, damit sie mit einer Wahrscheinlichkeit von mehr als 99,9 % mindestens einen Treffer erzielt?

Zu A82.

Als Alternative zum üblichen Elfmeterschießen, werden die beiden folgenden Verfahren vorgeschlagen.

e) Beide Mannschaften schießen je dreimal. Bestimmen Sie die Wahrscheinlichkeit dafür, dass dieses Elfmeterduell unentschieden endet.

(f) Die Schützen der beiden Mannschaften treten paarweise gegeneinander an. Ein Spieler von A und einer von B schießen je einmal, liegt danach eine Mannschaft in Führung, endet das Spiel sofort, anderenfalls wird das Verfahren mit dem nächsten Spielerpaar wiederholt.
Mit welcher Wahrscheinlichkeit würde bei diesem Vorgehen nach drei angetretenen Paaren immer noch kein Sieger feststehen?

(g) Der Torhüter der Mannschaft A behauptet, dass er einen Elfmeter mit einer Wahrscheinlichkeit von mehr als 75 % verwandelt.

(1) Die Behauptung wird akzeptiert, wenn der Torwart von 30 Elfmetern mindestens 24 verwandelt. Mit welcher Wahrscheinlichkeit wird die Trefferquote des Torhüters irrtümlich für höher als 75 % gehalten?

(2) Die Nullhypothese $H_0 \leq 75$ % soll auf dem Signifikanzniveau von 5 % bei einem Stichprobenumfang von 30 Elfmetern getestet werden. Bestimmen Sie die zugehörige Entscheidungsregel.

(3) Geben Sie an, wie sich die in Teilaufgabe (1) ermittelte Irrtumswahrscheinlichkeit tendenziell ändern würde, wenn man den Stichprobenumfang von 30 auf 60 erhöhen und die Mindesttrefferzahl entsprechend von 24 auf 48 verdoppeln würde.

A83.

Zu einer Ratesendung sind 2 Damen und 4 Herren eingeladen.

a) Die Stühle, auf denen die Kandidaten Platz nehmen, sind halbkreisförmig angeordnet. Links und rechts vom Moderator sitzen jeweils drei Kandidaten. Wie viele Sitzordnungen sind möglich, wenn

   (1) nur nach dem Geschlecht unterschieden wird?

   (2) Nach den Personen unterschieden wird und die beiden Damen auf verschiedenen Seiten des Moderators sitzen sollen?

An einer Raterunde dürfen zwei der Kandidaten teilnehmen.

b) Zur Auswahl des ersten Teilnehmers würfelt jeder der sechs Kandidaten genau einmal mit einem Laplace-Würfel. Wenn einer als Einziger eine Sechs geworfen hat, so darf er an der Raterunde teilnehmen. Anderenfalls wird das Verfahren wiederholt.

   (1) Wie groß ist die Wahrscheinlichkeit, dass der erste Teilnehmer bereits nach der ersten Würfelrunde feststeht?

   (2) Mit welcher Wahrscheinlichkeit steht der erste Teilnehmer spätestens nach der dritten Würfelrunde fest?

c) Zur Auswahl des zweiten Raterundenteilnehmers müssen die verbleibenden Kandidaten n Städte nach aufsteigender Einwohnerzahl ordnen. Wie groß muss n mindestens sein, damit die Wahrscheinlichkeit dafür, die richtige Reihenfolge ohne Sachkenntnisse zu erraten, kleiner als 2 Promille $\left(\frac{2}{1000}\right)$ ist?

Zu A83.

d) In der Raterunde werden Fragen gestellt, die ein Zufallsgenerator aus den Bereichen Politik, Geografie, Film, Musik und Sport auswählt, so dass jeder Bereich mit gleicher Wahrscheinlichkeit vorkommt.

(1) Wie groß ist die Wahrscheinlichkeit, dass von 5 unabhängig ausgewählten Fragen jede aus einem anderen Bereich stammt?

(3) Mit welcher Wahrscheinlichkeit sind von 10 unabhängig ausgewählten Fragen wenigstens 4 aus dem Bereich Sport?

e) Der Moderator behauptet, dass mindestens 30 % der Zuschauer die Ratesendung mit „sehr gut" (Note 1) beurteilen.

(1) Um dies zu testen, sollen 200 zufällig ausgewählte Zuschauer befragt werden. Die Behauptung des Moderators soll mit einer Wahrscheinlichkeit von höchstens 20 % irrtümlich abgelehnt werden. Bestimmen Sie die zugehörige Entscheidungsregel mit einem möglichst großen Ablehnungsbereich für die Behauptung des Moderators.
Eine Umfrage, bei der 200 Zuschauer die Noten 1 bis 4 vergeben konnten, brachte folgendes Ergebnis:

	Note1	Note 2	Note 3	Note 4
männlich	22	55	33	10
weiblich	30	36	14	0

(2) Berechnen Sie die von den männlichen Zuschauern und die von den weiblichen Zuschauern vergebene Durchschnittsnote und stellen Sie die von den Frauen vergebenen Noten in einem Kreisdiagramm dar.

A84. Eine Firma stellt Glühlampen her. Dabei entsteht erfahrungsgemäß 10 % Ausschuss.
Die nicht kontrollierten Lampen werden in Kartons zu 50 Packungen mit je 20 Stück abgepackt.

a) Wie groß ist die Wahrscheinlichkeit, dass in einer Zwanziger-Packung mehr als drei Lampen defekt sind?

b) Mit welcher Wahrscheinlichkeit ist in einem Fünfziger-Karton höchstens eine Zwanziger-Packung mit mehr als drei defekten Lampen?

Einem Elektrohändler wurde eine Serie von Zwanziger-Packungen mit jeweils genau fünf defekten Lampen geliefert.

c) Ein Kunde kauft 10 Lampen, die gleichzeitig einer vollen Zwanziger-Packung entnommen werden. Mit welcher Wahrscheinlichkeit sind unter diesen zehn Lampen genau zwei defekt?

d) Auf wie viele Arten kann man zwei defekte und 8 intakte, sonst nicht unterscheidbare Lampen als Lichterkette in einer Reihe anordnen, wenn
(1) keine weiteren Bedingungen vorliegen,
(2) die defekten Lampen nicht nebeneinander liegen sollen?

e) Ein weiterer Kunde möchte drei Lampen kaufen. Der Verkäufer entnimmt eine Lampe aus einer vollen Zwanziger-Packung mit 5 defekten Lampen und prüft sie. Ist die Lampe defekt, so entsorgt er sie, sonst gibt er sie dem Kunden und entnimmt der Packung die nächste zu prüfende Lampe. Mit welcher Wahrscheinlichkeit ist die vierte vom Verkäufer geprüfte Lampe die dritte intakte?

Zu A84.

Aufgrund eines zunächst unerkannten Defekts hat eine Maschine Lampen mit 30 % Ausschuss produziert. Diese Lampen wurden so wie oben beschrieben verpackt. Um die Kartons mit Lampen höherer Ausschussquote nachträglich auszusondern, wird folgendes Testverfahren durchgeführt.
Ein Karton wird ausgesondert, wenn von 25 zufällig entnommenen Lampen mehr als 3 defekt sind.

f) Mit welcher Wahrscheinlichkeit wird bei diesem Test ein Karton nicht ausgesondert, obwohl er Lampen erhöhter Ausschussquote enthält?

g) Mit welcher Wahrscheinlichkeit wird bei diesem Test ein Karton irrtümlich ausgesondert?

h) Aus Sicht der Firma wird ein Karton mit zu großer Wahrscheinlichkeit irrtümlich ausgesondert. Für einen verbesserten Test sollen den Kartons jeweils 50 Lampen entnommen werden. Die Wahrscheinlichkeit einen Karton irrtümlich auszusondern, soll höchstens 5 % betragen. Ermitteln Sie die Entscheidungsregel.

A85.

Eine Familie, bestehend aus Vater, Mutter, Sohn und Tochter geht in ein italienisches Restaurant zum Essen.

a) An der Garderobe sind acht Haken frei. Jedes Familienmitglied hängt seinen Mantel an einen leeren Haken. Wie viele Möglichkeiten gibt es, wenn die Mäntel alle unterscheidbar sind?

b) In der Küche werden sechs verschiedene Pizzazutaten verwendet, darunter Salami. Auf der Speisekarte sind alle Pizza-Arten mit mindestens drei Zutaten aufgeführt.
(1) Wie viele Pizza-Arten enthält die Speisekarte?
(2) Wie viele Pizza-Arten mit genau drei Zutaten enthalten keine Salami?

c) Die Mutter weiß, dass es dort zum Mittagessen mit einer Wahrscheinlichkeit von 30 % ihre Lieblingsspeise gibt. Wie oft muss die Mutter mindestens zum Mittagessen gehen, damit sie mit einer Wahrscheinlichkeit von mehr als 80 % mindestens zweimal ihre Lieblingsspeise bestellen kann?

Zu A85.

d) Als Nachspeise isst der Vater besonders gerne Tiramisu. Diese Nachspeise ist aber nicht immer vorrätig. Der Wirt verspricht der Familie ein Gratisessen, wenn der Vater bei den nächsten 20 Restaurantbesuchen nicht mindestens k = 14 mal Tiramisu bekommen kann.

   (1) Mit welcher Wahrscheinlichkeit bekommt die Familie das Gratisessen, wenn der Wirt einer Bestellung von Tiramisu mit einer Wahrscheinlichkeit von 75 % nachkommen kann?

   (2) Wie groß dürfte in seinem Versprechen der Wert von k höchstens sein, damit der Wirt mit einer Wahrscheinlichkeit von mehr als 60 % kein Gratisessen ausgeben muss, obwohl er nur 45 % aller Tiramisubestellungen nachkommen kann?

e) Beim Außerhausverkauf weiß der Wirt aus Erfahrung, dass 60 % der Kunden eine Pizza, 30 % ein Nudelgericht und der Rest eine Gemüseplatte wünschen. Der Sohn möchte eine Gemüseplatte mit nach Hause nehmen. Er steht Schlange vor der Ausgabe, vor ihm noch acht Personen. Mit welcher Wahrscheinlichkeit

   (1) wünschen von den vor ihm stehenden Personen sechs eine Pizza und zwei ein Nudelgericht,

   (2) erhält er seine Gemüseplatte, wenn er weiß, dass nur noch drei Gemüseplatten vorrätig sind?

Abituraufgaben 2019 (Bayern)

Das Mathematik-Abitur des Jahres 2019 wurde als sehr schwer eingestuft und führte zu öffentlichen Protesten. Ein OECD-Sprecher sagte dazu: *"Wir erwarten von den Schülern etwas Anspruchsvolleres: Es gehe darum, wie ein Mathematiker zu denken und komplexe mathematische Zusammenhänge zu analysieren. Das seien andere Anforderungen als früher, aber sie sind zeitgemäß"*.

Hinweis zur Aufgabenverteilung:
Von zwei Aufgabengruppen wählt der Fachausschuss eine Aufgabengruppe zur Bearbeitung aus.
Der jeweils erste **Prüfungsteil A** muss **ohne Hilfsmittel** gelöst werden. Im Teil B sind Hilfsmittel erlaubt.
In diesem Buch wird die Aufgabengruppe 1 als A86 und die Aufgabengruppe 2 als A87 bezeichnet und im Lösungsteil ausführlich durchgerechnet.

A86. Aufgabengruppe 1 Prüfungsteil A
(ohne Hilfsmittel)

1. Ein Glücksrad besteht aus fünf gleich großen Sektoren. Einer der Sektoren ist mit „0" beschriftet, einer mit „1" und einer mit „2"; die beiden anderen Sektoren sind mit „9" beschriftet.

a) Das Glücksrad wird viermal gedreht. Berechnen Sie die Wahrscheinlichkeit dafür, dass die Zahlen 2, 0, 1 und 9 in der angegebenen Reihenfolge erzielt werden.

b) Das Glücksrad wird zweimal gedreht. Bestimmen Sie die Wahrscheinlichkeit dafür, dass die Summe der erzielten Zahlen mindestens 11 beträgt.

2. Die Zufallsgröße X kann ausschließlich die Werte 1, 4, 9 und 16 annehmen. Bekannt sind $P(X = 9) = 0{,}2$ und $P(X = 16) = 0{,}1$ sowie der Erwartungswert $E(X) = 5$. Bestimmen Sie mithilfe eines Ansatzes für den Erwartungswert die Wahrscheinlichkeiten $P(X = 1)$ und $P(X = 4)$.

3. Gegeben ist eine Bernoullikette mit der Länge n und der Trefferwahrscheinlichkeit p. Erklären Sie, dass für alle $k \in \{0, 1, 2, \dots, n\}$ die Beziehung $B(n; p; k) = B(n; 1\text{-}p; n\text{-}k)$ gilt.

A86. Aufgabengruppe 1Prüfungsteil B (mit Hilfsmittel)

Ein Unternehmen organisiert Fahrten mit einem Ausflugsschiff, das Platz für 60 Fahrgäste bietet.

1. Betrachtet wird eine Fahrt, bei der das Schiff voll besetzt ist. Unter den Fahrgästen befinden sich Erwachsene, Jugendliche und Kinder. Die Hälfte der Fahrgäste isst während der Fahrt ein Eis, von den Erwachsenen nur jeder Dritte, von den Jugendlichen und Kindern 75 %.
Berechnen Sie , wie viele Erwachsene an der Fahrt teilnehmen.

2. Möchte man an einer Fahrt teilnehmen, so muss man dafür im Voraus eine Reservierung vornehmen, ohne dabei schon den Fahrpreis bezahlen zu müssen.

Erfahrungsgemäß erscheinen von den Personen mit Reservierung einige nicht zur Fahrt. Für die 60 zurVerfügung stehenden Plätze lässt das Unternehmen deshalb bis zu 64 Reservierungen zu. Es soll davon ausgegangen werden, dass für jede Fahrt tatsächlich 64 Reservierungen vorgenommen werden. Erscheinen mehr als 60 Personen mit Reservierung zur Fahrt, so können nur 60 von ihnen daran teilnehmen, die übrigen müssen abgewiesen werden.

Die Zufallsgröße X beschreibt die Anzahl der Personen mit Reservierung, die nicht zur Fahrt erscheinen. Vereinfachend soll angenommen werden, dass X binomialverteilt ist, wobei die Wahrscheinlichkeit dafür, dass eine zufällig ausgewählte Person mit Reservierung nicht zur Fahrt erscheint, 10 % beträgt.

a) Geben Sie einen Grund dafür an, dass es sich bei der Annahme, die Zufallsgröße X ist binomialverteilt, im Sachzusammenhang um eine Vereinfachung handelt.

b) Bestimmen Sie die Wahrscheinlichkeit dafür, dass keine Person mit Reservierung abgewiesen werden muss.

c) Für das Unternehmen wäre es hilfreich, wenn die Wahrscheinlichkeit dafür, mindestens eine Person mit Reservierung abweisen zu müssen, höchstens ein Prozent wäre. Dazu müsste die Wahrscheinlichkeit dafür, dass eine zufällig ausgewählte Person mit Reservierung nicht zur Fahrt erscheint, mindestens einen bestimmten Wert haben. Ermitteln Sie diesen Wert auf ganze Prozent genau.

Das Unternehmen richtet ein Online-Portal zur Reservierung ein und vermutet, dass dadurch der Anteil der Personen mit Reservierung, die zur jeweiligen Fahrt nicht erscheinen, zunehmen könnte. Als Grundlage für die Entscheidung darüber, ob pro Fahrt künftig mehr als 64 Reservierungen zugelassen werden, soll die Nullhypothese „Die Wahrscheinlichkeit dafür, dass eine zufällig ausgewählte Person mit Reservierung nicht zur Fahrt erscheint, beträgt höchstens 10%." mithilfe einer Stichprobe von 200 Personen mit Reservierung auf einem Signifikanzniveau von 5 % getestet werden. Vor der Durchführung des Tests wird festgelegt, die Anzahl der für eine Fahrt möglichen Reservierungen nur dann zu erhöhen, wenn die Nullhypothese aufgrund des Testergebnisses abgelehnt werden müsste.

d) Ermitteln Sie die zugehörige Entscheidungsregel.

e) Entscheiden Sie, ob bei der Wahl der Nullhypothese eher das Interesse, dass weniger Plätze frei bleiben sollen, oder das Interesse, dass nicht mehr Personen mit Reservierung abgewiesen werden müssen, im Vordergrund stand. Begründen Sie Ihre Entscheidung.

f) Beschreiben Sie den zugehörigen Fehler zweiter Art sowie die daraus resultierende Konsequenz im Sachzusammenhang.

A87. Aufgabengruppe 2 Prüfungsteil A
   (**ohne** Hilfsmittel)

1. Ein Glücksrad besteht auf fünf gleich großen Sektoren. Einer der Sektoren ist mit „0" beschriftet, einer mit „1" und einer mit „2"; die beiden anderen sind mit „9" beschriftet.

a) Das Glücksrad wird viermal gedreht. Berechnen Sie die Wahrscheinlichkeit dafür, dass die Zahlen 2, 0, 1 und 9 in der angegebenen Reihenfolge erzielt werden.

b) Das Glücksrad wird zweimal gedreht. Bestimmen Sie die Wahrscheinlichkeit dafür, dass die Summe der erzielten Zahlen mindestens 11 beträgt.

2. Gegeben ist eine binomialverteilte Zufallsgröße X mit dem Parameterwert $n = 5$. Dem Diagramm in Abbildung 1 kann man die Wahrscheinlichkeitswerte $P(X \leq k)$ mit

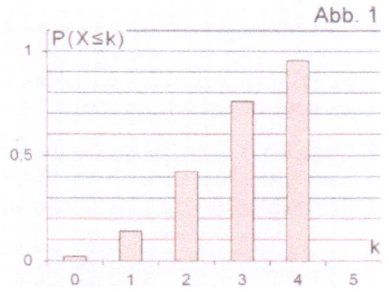

$k \in \{0, 1, 2, 3, 4\}$ entnehmen. Ergänzen Sie den zu $k = 5$ gehörenden Wahrscheinlichkeitswert im Diagramm.
Ermitteln Sie näherungsweise die Wahrscheinlichkeit $P(X = 2)$.

3. Das Baumdiagramm in
Abbildung 2 gehört zu
einem Zufallsexperiment
mit den stochastisch
unabhängigen Ereignissen
A und B. Bestimmen Sie
die Wahrscheinlichkeit
des Ereignisses B.

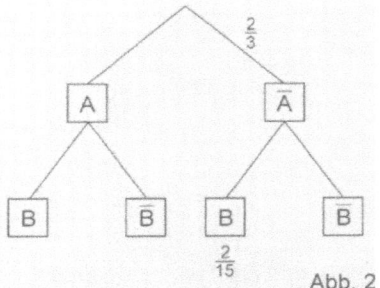

Abb. 2

A87. Aufgabengruppe 2 Prüfungsteil B
(mit Hilfsmittel)

1. Jeder sechste Besucher eines Volksfestes trägt ein
Lebkuchenherz um den Hals. Während der Dauer des
Volksfestes wird 25-mal ein Besucher zufällig
ausgewählt. Die Zufallsgröße X beschreibt die Anzahl
der ausgewählten Besucher, die ein Lebkuchenherz
tragen.

a) Bestimmen Sie die Wahrscheinlichkeit dafür, dass
unter den ausgewählten Besuchern höchstens ein
Besucher ein Lebkuchenherz trägt.

b) Beschreiben Sie im Sachzusammenhang ein Ereignis,
dessen Wahrscheinlichkeit mit dem Term
$\sum_{i=5}^{8} B(25; \frac{1}{6}; i)$ berechnet werden kann.

c) Bestimmen Sie die Wahrscheinlichkeit dafür, dass der
Wert der Zufallsgröße X höchstens um eine
Standardabweichung vom Erwartungswert der
Zufallsgröße abweicht.

2. Bei einer Losbude wird damit geworben, dass jedes Los gewinnt. Die Lose und die zugehörigen Sachpreise können drei Kategorien zugeordnet werden, die mit „Donau", „Main" und „Lech" bezeichnet werden. Im Lostopf befinden sich viermal so viele Lose der Kategorie „Main" wie Lose der Kategorie „Donau". Ein Los kostet 1 Euro.
Die Inhaberin der Losbude bezahlt im Einkauf für einen Sachpreis in der Kategorie „Donau" 8 Euro, in der Kategorie „Main" 2 Euro und in der Kategorie „Lech" 20 Cent. Ermitteln Sie, wie groß der Anteil der Lose der Kategorie „Donau" sein muss, wenn die Inhaberin im Mittel einen Gewinn von 35 Cent pro Los erzielen will.

3. Die Inhaberin der Losbude beschäftigt einen Angestellten, der Besucher des Volksfests anspricht, um diese zum Kauf von Losen zu animieren. Sie ist mit der Erfolgsquote des Angestellten unzufrieden.

a) Die Inhaberin möchte dem Angestellten das Gehalt kürzen, wenn weniger als 15 % der angesprochenen Besucher Lose kaufen. Die Entscheidung über die Gehaltskürzung soll mithilfe eines Signifikanztests auf der Grundlage von 100 angesprochenen Besuchern getroffen werden. Dabei soll möglichst vermieden werden, dem Angestellten das Gehalt zu Unrecht zu kürzen. Geben Sie die entsprechende Nullhypothes an und ermitteln Sie die zugehörige Entscheidungsregel auf dem Signifikanzniveau von 10 %.

b) Der Angestellte konnte bei der Durchführung des Tests zehn von 100 erwachsenen Besuchern dazu animieren, Lose zu kaufen. Er behauptet, dass er zumindest bei Personen mit Kind eine Erfolgsquote größer als 10 % habe.
Unter den 100 angesprochenen Besuchern befanden sich 40 Personen mit Kind. Von den Personen mit Kind zogen 54 kein Los.
Überprüfen Sie, ob das Ergebnis der Stichprobe die Behauptung des Angestellten stützt.

III. Lösungen der Aufgaben

A1. In einer Tüte befinden sich Bonbons. Davon sind zwei gelb und fünf rot. Nacheinander werden der Tüte drei Bonbons entnommen (ohne Zurücklegen).

a) Skizziere ein Baumdiagramm.

b) Wie viele Möglichkeiten gibt es, der Tüte Bonbons zu entnehmen?

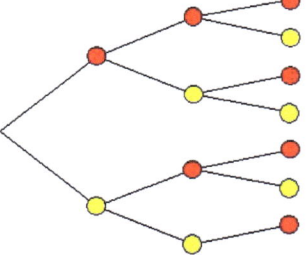

B = {rrr, rrg, rgr, rgg, grr, grg, ggr}

|B| = 7 Möglichkeiten

A2. Der Schülerrat eines Berufskollegs besteht aus drei Jungen und zwei Mädchen.
Es wird ausgelost, wer in diesem Jahr Vorsitzender und Stellvertreter wird. Zuerst wird der Vorsitzende und dann der Stellvertreter ausgelost.
Zeichne das Baumdiagramm und gib die Ergebnismenge mit deren Mächtigkeit an.

Schülerin: rot (r); Schüler: schwarz (s)

E = {rr, rs, sr, ss}

|E| = 4

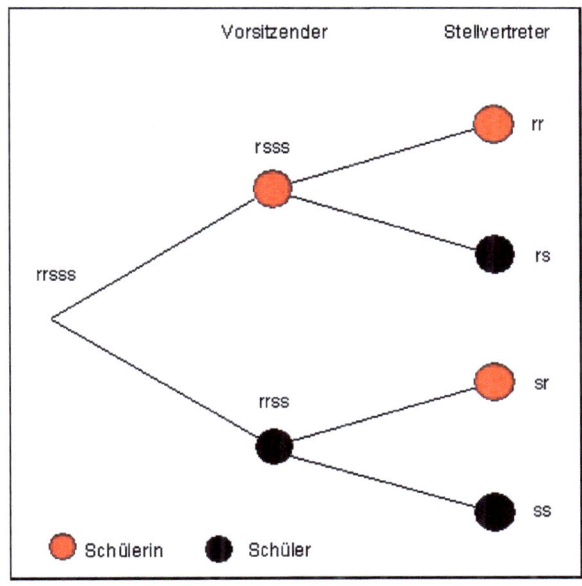

A3. Es wird ein idealer Würfel geworfen. Werden die Augenzahlen **1, 2, 4 oder 5** gewürfelt, so wird danach eine **Münze geworfen** (w oder z). Wird eine **3** gewürfelt, so muss aus einer Urne, die drei mit **1, 2 und 3** nummerierte Kugeln enthält, **zweimal hintereinander** (**ohne** Zurücklegen) eine Kugel gezogen werden. Beim Werfen einer **6** ist das Experiment **beendet**.

Skizziere das Baumdiagramm und gib den Ergebnisraum Ω mit seiner Mächtigkeit an.

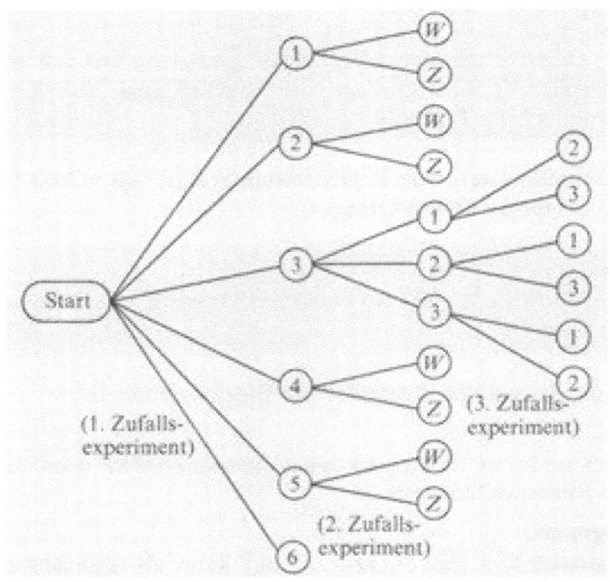

Ω :
{1w,1z,2w,2z,312,313,321,323,331,332,4w,4z,5w,5z,6}

|Ω| = 15

A4. Aus einer Produktion von Prozessoren werden **ohne** Zurücklegen drei Stücke entnommen und registriert, ob der Prozessor defekt „0" oder in Ordnung „1" ist.

a) Skizziere ein Baumdiagramm.

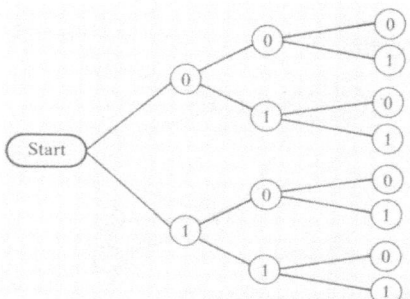

b) Gib folgende Ereignisse an:

A: „der erste Prozessor ist defekt"
A = {000,001,010,011}

B: „alle Prozessoren sind in Ordnung"
B = {111}

C: „nicht alle Prozessoren sind in Ordnung"
C = Ω \ B = {000,001,010,011,100,101,110}

D: „mindestens zwei Prozessoren sind in Ordnung"
D = {011,101,110,111}

E: „höchstens zwei sind defekt"
E = Ω \ {000} = {001,010,011,100,101,110,111}

F: „weder der erste noch der dritte Prozessor sind defekt"
F = {111,101}

G: „entweder das erste oder das dritte Teil ist defekt"
G = {001,011,100,110}

A5. Gib die zusammengesetzten Ereignisse A∩D und
A∪F der Aufgabe A4 an.

A∩D = {011}
A∪F = {000,001,010,011,101,111}

A6. Ω = {1,2,3,…,30}
A = {1,2,3,…,20}
B = {11,12,13,…,30}
Bilde die folgenden Mengen:

E = (A∪B) \ (A∩B) = Ω \{11,12,13,…,20} =
= {1,2,3,…,9,10,21,22,23,…,30}

F = (A∩B) \ (A∪B) = { } = $\varnothing$

G = (A∪B) \ $\overline{(A∩B)}$ =
= Ω \ {1,2,3,…,10,21,22,23,…,30} =
= {11,12,13,…,20}= A∩B

A7. Ein Sportverein hat 964 Mitglieder. Davon sind
486 Fußballspieler, 232 Leichtathleten und
148 Tennisspieler. Gib die relativen
Häufigkeiten dieser Sportarten im Verein an.

Fußballer $\frac{486}{964}$ ≈ 0,505
Leichtathleten $\frac{232}{964}$ ≈ 0,241
Tennisspieler $\frac{148}{964}$ ≈ 0,154

A8. 800 Personen wurden bezüglich der Nutzung von Online-Angeboten befragt. Die relative Häufigkeit der Internet-Bank-Nutzer beträgt 0,64, die der Socialmedia-User 0,78. Berechne die absolute Häufigkeit dieser Nutzergruppen.

Internet-Banking	$0,64 \cdot 800 = 512$ Nutzer
Social-Media	$0,78 \cdot 800 = 624$ Nutzer

A9. Ein Viertel aller Schüler einer Klasse hat einen Hund, die Hälfte der Schüler hat eine Katze. Kein Schüler hat beide Haustiere. Ermittle den Anteil der Schüler, die keines dieser Haustiere haben.

x: Schüler ohne Hund oder Katze
$x + 0,25 + 0,5 = 1$
$x = 0,25$
Ein Viertel der Schüler hat weder einen Hund noch eine Katze.

A10. In einem Hörsaal sitzen 150 Studierende. 110 von ihnen sprechen nur Englisch, 20 nur Französisch und 15 sprechen beide Sprachen.

  a) Wie groß ist die relative Häufigkeit der Studenten, die mindestens eine der beiden Sprachen sprechen?

Studenten, die Englisch **oder** (+) Französisch **oder** (+) beide Sprachen sprechen:

$$\frac{110 + 20 + 15}{150} = \frac{145}{150} \approx \mathbf{96,7\,\%}$$

149

Zu A10.

b) Wie groß ist die relative Häufigkeit der Studierenden, die keine der beiden Sprachen sprechen?

Gegenereignis zu a)
100 % - 96,7 % = **3,3 %**

A11. Die Bundesbahn hat eine Umfrage unter den Reisenden durchgeführt, die ergab, dass 10 % der Fahrgäste in der ersten Klasse reisen.
Zusätzlich konnte festgestellt werden, dass 80 % der Reisenden der zweiten Klasse mit der Bahn zufrieden sind.
Allerdings sind 60 % der Fahrgäste in der ersten Klasse mit den Zuständen in der Bahn unzufrieden.

a) Stelle eine Vierfeldertafel auf.

E: "Erste Klasse-Fahrer";
$P(E) = \mathbf{0{,}10} \Rightarrow P(\overline{E}) = \mathbf{0{,}90}$
Z: "Zufriedene Personen"

$P(\overline{E} \cap Z) = 0{,}9 \cdot 0{,}8 = \mathbf{0{,}72}$ (80 % von 90 %)
$P(E \cap \overline{Z}) = 0{,}6 \cdot 0{,}1 = \mathbf{0{,}06}$ (60 % von 10 %)

	E	$\overline{E}$	
Z	0,04	0,72	0,76
$\overline{Z}$	0,06	0,18	0,24
	0,10	**0,90**	1

Zu A11.

b) Im **Vorjahr** waren 75 % zufrieden.
   Ergibt die oben beschriebene Umfrage, dass sich
   der Zufriedenheitswert verbessert hat?

   Ja, denn mit P(Z) = 76 % aus der Vierfeldertafel
   zeigt sich eine leichte Verbesserung.

c) Zwei Jahre zuvor waren angeblich 85 % von den
   90 % der Reisenden zweiter Klasse zufrieden und
   sogar 50 % der Fahrgäste der ersten Klasse.
   Erstelle eine Vierfeldertafel für das vorletzte Jahr.

   $P(\overline{E} \cap Z) = 0{,}9 \cdot 0{,}85 = 0{,}765$ (85 % von 90 %)
   $P(E \cap Z) = 0{,}5 \cdot 0{,}10 = 0{,}05$ (50 % von 10 %)

	E	$\overline{E}$	
Z	0,05	0,765	0,815
$\overline{Z}$	0,05	0,135	0,185
	0,10	**0,90**	1

A12.
Bei einem Glücksrad mit den Feldern 1, 2, 3, 4 und 5
treten alle ungeraden Felder mit gleicher Häufigkeit auf,
das Feld 4 erreicht die Häufigkeit 0,1 und das Feld 2
kommt dreimal so oft vor wie das Feld 3.

a) Gib eine Wahrscheinlichkeitsverteilung an.

e_i	1	2	3	4	5
$P(e_i)$	x	3x	x	0,1	x

Summe der Elementarwahrscheinlichkeiten muss 1
ergeben: $x + 3x + x + 0,1 + x = 1$
$$6x = 0,9$$
$$\mathbf{x = 0,15}$$

e_i	1	2	3	4	5
$P(e_i)$	0,15	0,45	0,15	0,1	0,15

b) Ist es günstiger auf das Ereignis „gerade Zahl" oder
   auf „ungerade Zahl" zu setzen?

$$P(gerade) \quad = 0,45 + 0,1 = 0,55$$
$$P(ungerade) = 3 \cdot 0,15 \quad = 0,45$$
Es ist also **günstiger auf eine gerade Zahl** zu setzen.

c) Pro Drehung werden 2 € verlangt. Tritt eine ungerade
   Zahl auf, so erhält man 4 €. Lohnt es sich zu spielen?

Gewinn oder **Verlust** =
= „zu erwartende Auszahlung" − „Einsatz"
gerade Zahl: 0 € - 2 € = − 2 €
ungerade Zahl: 4 € - 2 € = + 2 €
$$GV = 0,45 \cdot (-2€) + 0,1 \cdot (-2€) + 3 \cdot 0,15 \cdot 2€ =$$
$$= -0,90 € − 0,20 € + 0,90 € = \mathbf{− 0,20 €}$$
Man **verliert** auf lange Sicht 20 Cent. Daher lohnt es
sich nicht zu spielen.

A13.
Für zwei Ereignisse E und F gilt:
$P(\overline{E}) = 0{,}1$, $P(\overline{F}) = 0{,}3$ und P(E oder F)=P(E∪F)= 0,92.
Mit welcher Wahrscheinlichkeit treten die beiden
Ereignisse E **und** F gleichzeitig ein?

Mit Additionssatz unabhängiger Ereignisse (S. 43):
$P(E∪F) = P(E) + P(F) − P(E∩F)$
Gleichungsumstellung:
$P(E∩F) = P(E) + P(F) − P(E∪F) =$
$= P(1− P(\overline{E})) + P(1− P(\overline{F})) − P(E∪F) =$
$= (1 − 0{,}1) + (1 − 0{,}3) − 0{,}92 = 0{,}68 \triangleq \textbf{68 \%}$

A14. Mit welcher Wahrscheinlichkeit ist eine beliebige
fünfstellige Zahl durch 5 teilbar?

Die Endziffer der **„günstigen"** Zahlen (im
Zähler) muss 0 oder 5 sein und die erste Ziffer
darf nicht null sein, da sonst die Zahl vierstellig
wäre:
$9 \cdot 10 \cdot 10 \cdot 10 \cdot 2$

Auch alle **„möglichen"** Zahlen (im Nenner)
haben keine Null am Anfang:
$9 \cdot 10^4$

P(Zahl ist durch 5 teilbar) $= \dfrac{9 \cdot 10 \cdot 10 \cdot 10 \cdot 2}{9 \cdot 10 \cdot 10 \cdot 10 \cdot 10} = \dfrac{18}{90} = 0{,}2$

Mit 20 % Wahrscheinlichkeit ist eine beliebige
fünfstellige Zahl durch 5 teilbar.

A15. In einer Urne befinden sich je sechs rote, grüne und blaue Kugeln, die jeweils von 1 bis 6 nummeriert sind. Berechne die Wahrscheinlichkeiten:

a) Es wird eine rote Kugel gezogen.

$$P(r) = \frac{6}{18} = \frac{1}{3} \approx 33,3\ \%$$

b) Es wird eine Kugel mit gerader Zahl gezogen.

$$P(gerade) = \frac{9}{18} \triangleq 50\ \%$$

c) Die gezogene Kugel ist rot oder grün.

$$P(r \vee g) = \frac{6}{18} + \frac{6}{18} = \frac{12}{18} \approx 66,7\ \%$$

A16. Aus den sechs Buchstaben des Wortes „SCHULE" soll ein neues (nicht unbedingt sinnvolles) Wort gebildet werden. Mit welcher Wahrscheinlichkeit

a) enthält es nur Vokale,

$$P(V) = \frac{2 \cdot 1}{6 \cdot 5 \cdot 4 \cdot 3 \cdot 2 \cdot 1} = \frac{2}{720} \approx 0,28\ \%$$

b) enthält es nur Konsonanten

$$P(K) = \frac{4 \cdot 3 \cdot 2 \cdot 1}{6 \cdot 5 \cdot 4 \cdot 3 \cdot 2 \cdot 1} = \frac{24}{720} \approx 3,33\ \%$$

c) beginnt es mit einem Vokal,

$$P(1.V) = \frac{2 \cdot 5 \cdot 4 \cdot 3 \cdot 2 \cdot 1}{6 \cdot 5 \cdot 4 \cdot 3 \cdot 2 \cdot 1} = \frac{2}{6} \approx 33,3\ \%$$

d) erhält man ein Wort mit vier Buchstaben aus zwei Konsonanten und zwei Vokalen

$$P(2K/2V) = \frac{(4 \cdot 3) \cdot (2 \cdot 1)}{6 \cdot 5 \cdot 4 \cdot 3} = \frac{24}{360} \approx 6,7\ \%$$

A17. Aus einer Gruppe von vier Vereinsmitgliedern T, E, A und M sollen der Vorsitzende und sein Stellvertreter gewählt werden.

a) Mit welcher Wahrscheinlichkeit wird A Vorsitzender und E sein Stellvertreter?

$$\Omega = \{TE, TA, TM, ET, EA, EM, AT, AE, AM, MT, ME, MA\}$$

$$P(\{AE\}) = \frac{1}{12}$$

b) Mit welcher Wahrscheinlichkeit werden A und E gewählt.

$$P(AE \text{ oder } EA) = \frac{1}{12} + \frac{1}{12} = \frac{1}{6}$$

c) Mit welcher Wahrscheinlichkeit wird A nicht gewählt?

$$P(\overline{A}) = \frac{6}{12} = \frac{1}{2}$$

A18. In der Abiturprüfung ist nur jeweils eine der zwei gegebenen Aufgaben aus den drei Fachgebieten Analysis (1|2), Geometrie (3|4) und Stochastik (5|6) zu bearbeiten. Der Kursleiter wählt aus jedem Fachgebiet genau eine Aufgabe aus.

a) Mit welcher Wahrscheinlichkeit wählt der Kursleiter Aufgabe 4 aus?

$$\Omega = \{135, 145, 136, 146, 235, 245, 236, 246\}$$

$$P(145, 146, 245, 246) = \frac{4}{8} = 0,5$$

b) Mit welcher Wahrscheinlichkeit müssen die Schüler die Aufgaben 2 **und** 5 bearbeiten?

$$P(235, 245) = \frac{2}{8} = 0,25$$

c) Mit welcher Wahrscheinlichkeit wird die Aufgabe 2 **oder** 6 gewählt?

$$P(136, 146, 235, 245, 236, 246) = \frac{6}{8} = 0,75$$

A19. Aus einem 52-Karten-Spiel wird eine Karte
    gezogen.
- 13 rote Herz-Karten
- 13 rote Karo-Karten
- 13 schwarze Pik-Karten
- 13 schwarze Kreuz-Karten
- In jeder Farbe gibt es jeweils 9 Zahlenkarten von
  2 bis 10 sowie die vier Bildkarten Bube, Dame,
  König und Ass.

  Mit welcher Wahrscheinlichkeit wird

a) ein Ass gezogen

$$P(Ass) = \frac{4}{52} \approx 7,69\ \%$$

b) ein Herz-Ass gezogen

$$P(Herz\text{-}Ass) = \frac{1}{52} \approx 1,92\ \%$$

c) eine Herz-Karte gezogen

$$P(Herz) = \frac{13}{52} \triangleq 25\ \%$$

d) eine Herz- **oder** Ass-Karte gezogen

$$P(Herz\ oder\ Ass) = P(H \cup A) =$$
$$= P(H) + P(A) - P(H \cap A) = \frac{13+4-1}{52} = \frac{16}{52} \approx 30,77\ \%$$

e) weder eine Herz- noch eine Ass-Karte gezogen?

Gegenereignis zu A19d):
$$P(kein\ Herz\ und\ kein\ Ass) = 1 - P(H \cup A) =$$
$$= 1 - \frac{16}{52} = \frac{36}{52} \approx 69,23\ \%$$

A20. In einer Urne U befinden sich vier Kugeln mit den Nummern 1, 2, 3, 4.
Eine Schale S enthält fünf Kugeln mit den Nummern 1, 2, 3, 4, 5.
Mit der linken Hand wird eine Kugel aus der Urne und mit der rechten Hand eine Kugel aus der Schale gezogen.

a) Welche Summen der Kugelnummern sind möglich?

Summen: S = {2,3,4,5,6,7,8,9}

b) Mit welcher Wahrscheinlichkeit erhält man die Summe 7?

Ω = {11,12,13,14,15,21,22,23,24,25,31,32,33,34, 35,41,42,43,44,45}

$P(7) = P(25,34,43) = \frac{3}{20} \triangleq 15\ \%$

A21. Ein Ikosaeder trägt auf den 20 gleichseitigen Dreiecksflächen zweimal 1, viermal 2, sechsmal 3 und achtmal 4.

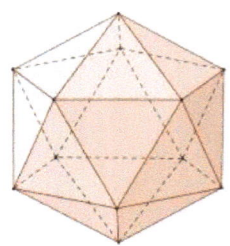

a) Gib eine Wahrscheinlichkeitsverteilung an.

Ω = {1,2,3,4}

$\omega \in \Omega$	1	2	3	4
$P(\omega)$	$\frac{2}{20} = 0,1$	$\frac{4}{20} = 0,2$	$\frac{6}{20} = 0,3$	$\frac{8}{20} = 0,4$

Zu A21.

b) Wie verhält sich eine Wette „Augenzahl ist
Primzahl" zu „Augenzahl ist keine Primzahl"?

P(prim) = P(2) + P(3) = 0,2 + 0,3 = 0,5
P($\overline{\text{prim}}$) = P(1) + P(4) = 0,1 + 0,4 = 0,5
Man kann auf lange Sicht nicht verlieren aber
auch nicht gewinnen.
Diese Wette wird **„fair".**genannt.

A22. Auf einer Speisekarte stehen 16 Vorspeisen, 20
Hauptgerichte und 8 Nachspeisen zur Auswahl.

a) Wie viele verschiedene Dreigänge-Menüs sind
möglich?

16 · 20 · 8 = **2560** mögliche Menüs

b) Wie viele verschiedene Dreigänge-Menüs kommen
für einen Vegetarier infrage, wenn für ihn nur jedes
vierte Gericht genießbar ist.

4 · 5 · 2 = **40** mögliche vegetarische Menüs

A23. Bei einer Tombola werden unter 100 Personen eine Reise, ein Fahrrad, ein Smartphone und ein Buch verlost. Wie viele Möglichkeiten gibt es

a) wenn jeder Ausgeloste höchstens einen Gewinn erhalten darf?

$$100 \cdot 99 \cdot 98 \cdot 97 = \mathbf{9.410.940} \text{ Möglichkeiten}$$

b) wenn auch Mehrfachgewinne möglich sind

$$100^4 = \mathbf{100.000.000} \text{ Möglichkeiten}$$

A24. Zu einem Junggesellenabschied werden 10 Freunde eingeladen. Wie viele Begrüßungsmöglichkeiten hat der Gastgeber, wenn er jeden Eingeladenen per Handschlag willkommen heißen möchte?

$$10! = 10 \cdot 9 \cdot \ldots \cdot 2 \cdot 1 = \mathbf{3.628.800} \text{ Möglichkeiten}$$

A25. Abituraufgabe
Der Torwart von FCX hält einen Strafstoß mit einer Wahrscheinlichkeit von 0,15. Im Training wird zwanzigmal auf sein Tor geschossen.
Berechne die Wahrscheinlichkeiten für:

A: „Der dritte Ball ist der erste, den er hält"

$G \triangleq$ „gehalten"; $\overline{G} \triangleq$ „nicht gehalten

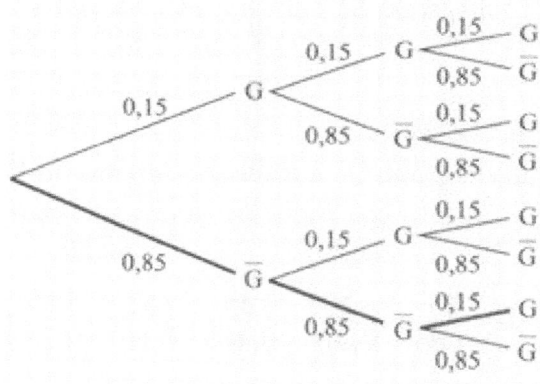

Dem Baumdiagramm kann entnommen werden:
$P(A) = 0,85 \cdot 0,85 \cdot 0,15 \approx 0,11 = \textbf{11 \%}$

B: „Er hält genau drei Bälle"

$P(B) = 0,15^3 = 0,003375 \approx \textbf{0,34 \%}$

A26. Wie groß ist die
Wahrscheinlichkeit mit zwei
Spielwürfeln erst eine Sechs
oder im zweiten Wurf
eine Sechs zu werfen?

A: „Sechs im ersten Wurf"
$P(A) = \{61,62,63,64,65,66\} = \frac{6}{36} = \frac{1}{6}$

B: „Sechs im zweiten Wurf"
$P(B) = \{16,26,36,46,56,66\} = \frac{1}{6}$

$A \cap B = \{66\}$

Erst eine Sechs oder im zweiten Wurf Sechs:
$P(A \cup B) = P(A) + P(B) - P(A) \cdot P(B) =$
$= \frac{6}{36} + \frac{6}{36} - \frac{1}{36} = \frac{11}{36} \approx \mathbf{27,78}\,\%$

A27.

Auf den Flächen **dreier** Tetraeder
befinden sich jeweils die Zahlen 1, 2. 3
und 4. Die drei Tetraeder werden
geworfen. Ein Spieler gewinnt, wenn
folgende Ereignisse eintreten:

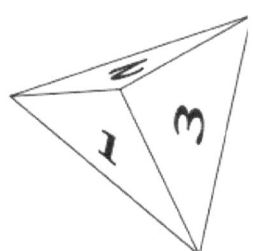

A: „drei gleiche Augenzahlen (unten)"
A = {111, 222. 333, 444} $\Rightarrow$
$P(A) = \frac{4}{4^3} = \frac{1}{16} = \mathbf{0,0625 \triangleq 6,25\,\%}$

B: „mindestens eine Vier"
B={114,124,134,214,224,234,314,324,334,141,142,143,
241,242,243,341,342,343,411,412,413,421,422,423,431,
432,433,144,244,344,441,442,443,414,424,434,444}
|B| = 37 $\Rightarrow$ P(B) = $\frac{37}{64} \approx \mathbf{57,8\,\%}$

> Eine **Berechnung ohne Abzählen** gelingt über
> $\mathbf{\overline{B}}$: P(„keine Vier") = $P(\overline{B}) = \frac{3^3}{4^3} = \frac{27}{64}$
> **P(B)** = 1 - $P(\overline{B})$ = $\frac{37}{64}$ = $\mathbf{0,578 \triangleq 57,8\,\%}$

C: Wie groß ist die Wahrscheinlichkeit, dass man drei
gleiche Augenzahlen (A) erhält **oder** mindestens eine
Vier (B)?
A$\cap$B = {444} $\Rightarrow$ P(A$\cap$B) = $\frac{1}{64}$
P(A oder B) = P(A) + P(B) – P(A$\cap$B) =
= $\frac{4}{64} + \frac{37}{64} - \frac{1}{64} = \frac{40}{64} = \mathbf{0,625 \triangleq 62,5\,\%}$

D: „mindestens 11 als Augensumme"
D = {344, 434. 443, 444} $\Rightarrow$
P(D) = $\frac{4}{4^3} = \frac{1}{16} = \mathbf{0,0625 \triangleq 6,25\,\%}$

A28. Bei dem Spiel „Spektrum" wählt man Karten aus, auf die jeweils die Spektralfarben rot, orange, gelb, grün, blau und violett in verschiedener Reihenfolge aufgedruckt sind.
Wie viele unterschiedliche Karten sind möglich?

6! = 720 Möglichkeiten
Diesem Spiel liegen deshalb 720 verschiedene Spielkarten bei.

A29. 13 Schüler sollen im Sportunterricht auf einer langen Bank Platz nehmen.
Wie viele Möglichkeiten gibt es für die Platzierung aller Schüler?

13! = 6.227.020.800 Möglichkeiten
Der erste Schüler hat 13 Sitzmöglichkeiten, der nächste nur noch 12 usw.

A30. Wie viele verschiedene neun-ziffrige PIN gibt es, wenn man viermal die Eins, dreimal die Zwei und zweimal die Drei verwendet?

$$\frac{9!}{4! \cdot 3! \cdot 2!} = \frac{362.880}{24 \cdot 6 \cdot 2} = 1.280 \text{ PIN-Möglichkeiten}$$

Die Ziffern lassen sich auf 9! Arten anordnen, aber die vier Einer, die drei Zweier und die beiden Dreier ergeben keine andere Anordnung.

A31. Ein Byte besteht aus acht dualen Ziffern (8 Bit),
z. B. 10001011.
Wie viele verschiedene Bytes sind möglich?

2^8 = 256 Bytes
Jede der beiden Dualziffern kann an acht Stellen
auftreten.

A32. In der von Louis Braille entwickelten
Blindenschrift werden bis zu sechs Punkte, die als
Matrix mit drei Zeilen und zwei Spalten angeordnet
sind, verwendet. Lücken werden auch ertastet.
Wie viele Zeichen lassen sich damit bilden?

2^6 = 64 Zeichen
An jeder der sechs Stellen der 3x2-Matrix kann
ein Punkt oder eine Lücke auftreten.

A33. Wie viele Möglichkeiten gibt es, die
Medaillengewinner eines 100-m-Endlaufs mit acht
Teilnehmern vorherzusagen, wenn in den
Vorkämpfen alle Läufer etwa gleich schnell waren?

$8 \cdot 7 \cdot 6$ = 336 Möglichkeiten
Steht der Sieger fest, so gibt es noch sieben
Möglichkeiten für den Zweiten und sechs
Möglichkeiten für den Dritten.

A34. Sechs Schüler feiern mit ihrem Lehrer das bestandene Abitur. Jeder hält ein Sektglas in der Hand und stößt mit jedem Anwesenden genau einmal an. Wie oft klingen die Gläser?

Mit dem Lehrer sind sieben Personen anwesend und bilden beim Anstoßen **Zweiermengen**:

$$\binom{7}{2} = \frac{7!}{2! \cdot 5!} = \text{"7C2"} = 21 \text{ maliges Anstoßen}$$

A35. In einer Urne befinden sich sechs verschieden-farbige Kugeln. Es werden vier Kugeln gezogen, wobei danach die gezogenen Kugeln wieder zurückgelegt werden.
Wie viele Zugmöglichkeiten gibt es?

$$\binom{6 + 4 - 1}{4} = \binom{9}{4} = 126 \text{ Möglichkeiten}$$

Hier werden **Vierer-Mengen** mit Wiederholung ausgewählt, wobei die Kugeln auch mehrfach ausgewählt werden können.

A36. Wie viele Möglichkeiten gibt es, fünf Bilder nebeneinander an einer Wand anzuordnen?

$$5! = 120 \text{ Möglichkeiten}$$

A37. Wie viele Anagramme lassen sich mit den Buchstaben des Wortes „MISSISSIPPI" bilden?

$$\frac{11!}{1! \cdot 4! \cdot 4! \cdot 2!} = 34.650 \text{ Anagramme}$$

A38. Wie viele Möglichkeiten gibt es, auch unsinnige Wörter, mit fünf Buchstaben (ohne Umlaute und ohne ß) zu bilden, wenn jeder der 26 möglichen Buchstaben **nur einmal** vorkommen soll?

$$\frac{26!}{(26-5)!} = 26 \cdot 25 \cdot 24 \cdot 23 \cdot 22 = 7.898.600$$

Wörter mit fünf verschiedenen Buchstaben.

A39. Wie viele Möglichkeiten gibt es, auch unsinnige Wörter, mit fünf (durchaus gleichen) Buchstaben aus allen 26 Grundbuchstaben zu bilden?

$26^5 = 11.881.376$ Wörter mit fünf Buchstaben
Jeder Buchstabe kann stets wieder vorkommen.

A40. Fünf Personen prosten sich mit Gläsern zu. Wie oft klingen die Gläser?

$$\binom{5}{2} = 10 \text{ mal}$$

Aus fünf Personen werden Zweier-Mengen ausgewählt.

A41. Wie viele Möglichkeiten gibt es, vier Fahrzeuge auf sechs verschiedene Stellplätze zu verteilen?
(Ist ein Platz belegt, so kann dieser nicht mehr genutzt werden.)

111100, 111010, 111001 usw.
$$\frac{6!}{4! \cdot 2!} = \binom{6}{4} = 15 \text{ Möglichkeiten}$$

A42. In einem Gefäß befinden sich fünf verschieden-
farbige Kugeln. Es werden drei der fünf Kugeln
gezogen, wobei die gezogenen Kugeln nach
jedem Zug wieder zurückgelegt werden.

$$\binom{5 + 3 - 1}{3} = \binom{7}{3} = 35 \text{ Möglichkeiten}$$

Die drei Kugeln können verschieden- oder
gleichfarbig sein, weshalb zwei „Leerräume"
(3-1) zwischen den Kugeln berücksichtigt werden
müssen. Daher werden Dreiermengen aus sieben
Objekten gewählt.

A43. Mit welcher Wahrscheinlichkeit tippt man beim
Lotto **fünf Richtige?**

$$\frac{\binom{43}{1} \cdot \binom{6}{5}}{\binom{49}{6}} = \frac{258}{13.983.816} \approx 0{,}00001845 \approx 0{,}0018 \text{ \%}$$

Geringe Chance auf fünf Richtige.

Insgesamt gibt es beim Zahlenlotto $\binom{49}{6}$ Möglichkeiten.
Bei fünf Richtigen wurden von den 6 gezogenen Zahlen
fünf richtig getippt: $\binom{6}{5}$
Zusätzlich gibt es bei den 43 nicht gezogenen Kugeln eine
getippte Zahl: $\binom{43}{1}$

A44. Berechne die Wahrscheinlichkeit für **5 Richtige mit Superzahl**. Die Superzahl ist die letzte **Ziffer** der Spielscheinnummer.

Für die Superzahl gibt es 10 Möglichkeiten: 0,1,2,...,9 Deshalb verringert sich die Chance der Aufgabe 43 um 10, weshalb der Nenner mit 10 multipliziert werden muss, denn zusätzlich sind zehn Spielschein-Endziffern möglich. Der Zähler müsste lediglich mit der Zahl 1 multipliziert werden, da nur eine Ziffer getippt wurde.

$$\frac{\binom{43}{1} \cdot \binom{6}{5} \cdot 1}{\binom{49}{6} \cdot 10} = 0,00001845 : 10 \approx \mathbf{0,00018\ \%}$$

A45. Mit welcher Wahrscheinlichkeit haben genau drei Personen am gleichen Tag Geburtstag?

Drei Personen haben mit der Wahrscheinlichkeit $\frac{365 \cdot 364 \cdot 363}{365^3} \approx 99,18\ \%$ **an verschiedenen Tagen** Geburtstag. Die erste Person kann an 365 Jahrestagen Geburtstag haben, wonach für die zweite Person nur noch 364 und für die dritte Person noch 363 Tage möglich sind (Zähler). Grundsätzlich stehen für drei Personen 365^3 Tage zur Verfügung (Nenner).

Zur Berechnung des Geburtstags von genau drei Personen **am gleichen Tag** ist das **Gegenereignis** zu bestimmen:

$$1 - \frac{365 \cdot 364 \cdot 363}{365^3} \approx 0,0082 \triangleq \mathbf{0,82\ \%}$$

A46. Einer Gruppe von 20 Schülern werden drei Konzertkarten angeboten. Berechne jeweils die folgenden aufgeführten Möglichkeiten.

a) Ein Schüler erhält **genau eine** der drei nummerierten Sitzplätze

$$20 \cdot 19 \cdot 18 = \frac{20!}{(20-3)!} = \text{"20P3"} = 6.840 \text{ Mglk.}$$

Hat ein Schüler eine Karte bekommen, so können noch 19 und dann noch 18 Schüler die weiteren Karten erhalten.

b) Ein Schüler kann **auch zwei oder drei** der nummerierten Karten erhalten

$20^3 = 8.000$ Möglichkeiten
Einer der 20 Schüler könnte hier auch alle drei Karten erhalten.

c) Ein Schüler erhält genau eine von drei nicht nummerierten **Stehplätzen**

$$\binom{20}{3} = \frac{20!}{3! \cdot 17!} = \text{"20C3"} = 1.140 \text{ Möglichkeiten}$$

Hier ist es unerheblich, wo sich der Schüler Innerhalb der Stehplätze aufhalten wird.
Ein Schüler erhält nur eine Karte, daher werden drei Karten auf 20 Schüler verteilt, also „drei Schüler aus 20 ausgewählt".

A47. Ein Skatspiel besteht aus folgenden 32 Karten:
8 rote Herz-Karten
8 rote Karo-Karten
8 schwarze Pik-Karten
8 schwarze Kreuz-Karten
Zu jeder Farbe gibt es jeweils vier Zahlenkarten
von 7 bis 10 sowie die vier Bildkarten Bube, Dame,
König und Ass.

a) Wie groß ist die Wahrscheinlichkeit hintereinander
drei rote Karten (ohne Zurücklegen) zu ziehen?

$$P(3 \text{ rote Karten}) = \frac{16 \cdot 15 \cdot 14}{32 \cdot 31 \cdot 30} = \frac{7}{62} \approx 11{,}3\,\%$$

b) Wie groß ist die Wahrscheinlichkeit hintereinander
drei gleichfarbige Karten (ohne Zurücklegen) zu
ziehen?

$$P(\text{drei gleichfarbige Karten}) =$$
$$= \frac{16 \cdot 15 \cdot 14 + 16 \cdot 15 \cdot 14}{32 \cdot 31 \cdot 30} = \frac{7}{31} \approx 22{,}6\,\%$$
(rote **oder** schwarze Karten können gezogen
werden)

c) Wie groß ist die Wahrscheinlichkeit hintereinander
drei Herz-Karten zu ziehen?

$$P(\text{drei Herzkarten}) = \frac{8 \cdot 7 \cdot 6}{32 \cdot 31 \cdot 30} = \frac{7}{620} \approx 1{,}1\,\%$$

d) Wie groß ist die Wahrscheinlichkeit hintereinander
drei Ass-Karten zu ziehen?

$$P(\text{drei Asskarten}) = \frac{4 \cdot 3 \cdot 2}{32 \cdot 31 \cdot 30} = \frac{1}{1240} \approx 0{,}08\,\%$$

A48. Ein Spieler wirft **dreimal** einen Spielwürfel, anschließend spielt er **zweimal** Roulette (0 bis 36) und dann zieht er noch **eine** Karte aus 52 Spielkarten.
Berechne die Mächtigkeit des Ergebnisraums Ω.

$|\Omega| = 6^3 \cdot 37^2 \cdot 52 = $ **15.376.608** Möglichkeiten

A49.a) In einem Theater sollen sich sieben Personen in eine Reihe mit 20 noch freien Plätzen setzen. Wie viele Möglichkeiten gibt es?

$20 \cdot 19 \cdot 18 \cdot \ldots \cdot 14 = \dfrac{20!}{(20-7)!} = \text{"20P7"} =$
$= $ **390.700.800** Möglichkeiten

b) Wie viele Möglichkeiten gibt es, wenn sich 20 Personen auf die 20 freien Plätze der nächsten Reihe setzen wollen?

$20! \approx $ **$2,4 \cdot 10^{18}$** Möglichkeiten
(2,4 Trillionen Möglichkeiten)

A50. Abituraufgabe

An einem Fußball-Turnier nehmen zwölf Mannschaften teil. Für die erste Runde werden vier Gruppen zu je drei Mannschaften ausgelost. Zuerst werden die drei Mannschaften für die erste Gruppe gezogen. Berechnen Sie für die drei Mannschaften FCX, FCY und FCZ die Wahrscheinlichkeiten für folgende Ereignisse:

A: Die drei Mannschaften FCX, FCY und FCZ werden in die 1. Gruppe gelost.

$$P(A) = P(\text{1. Gruppe mit FCX, FCY und FCZ}) =$$
$$= \frac{\binom{3}{3} \cdot \binom{9}{0}}{\binom{12}{3}} = \frac{1}{220} \approx 0{,}00454 \approx \mathbf{0{,}45\ \%}$$

B: Nur FCX ist in der 1. Gruppe.

$$P(B) = \frac{\binom{1}{1} \cdot \binom{2}{0} \cdot \binom{9}{2}}{\binom{12}{3}} = \frac{9}{55} \approx 0{,}164 \approx \mathbf{16{,}4\ \%}$$

C: Höchstens zwei der drei Mannschaften FCX, FCY und FCZ sind in der ersten Gruppe.

$$P(C) = \frac{\binom{3}{0} \cdot \binom{9}{3} + \binom{3}{1} \cdot \binom{9}{2} + \binom{3}{2} \cdot \binom{9}{1}}{\binom{12}{3}} =$$
$$= \frac{219}{220} \approx 0{,}9955 \approx \mathbf{99{,}55\ \%}$$

Alternative Berechnung der Teilaufgabe C:
Nicht alle drei Mannschaften FCX, FCY und FCZ sind in der ersten Gruppe:
$$P(\overline{A}) = 1 - P(A) = 1 - 0{,}00454 \approx \mathbf{99{,}55\ \%}$$

A51. Abituraufgabe

Zwei ideale Würfel werden geworfen und die **Summe der Augenzahlen** gebildet. Ermitteln Sie die Wahrscheinlichkeiten der folgenden Ereignisse.

A: Die Augensumme ist kleiner als 6.

A = {11,12,13,14,21,22,23,31,32,41}
$P(A) = \frac{10}{36} \approx 0{,}2778$

B: Die Augensumme ist eine Primzahl.

B = {11,12,14,16,21,23,25,32,34,41,43,52,56,61,65}
$P(B) = \frac{15}{36} \approx 0{,}4167$

A52. Abituraufgabe

Max weiß von einer vierstelligen Geheimzahl, dass sie aus zwei Dreien und zwei Fünfen besteht. Mit welcher Wahrscheinlichkeit kann er spätestens im dritten Versuch die richtige Zahl bestimmen?

$\frac{4!}{2! \cdot 2!} = 6$ Möglichkeiten

Wahrscheinlichkeit $\frac{1}{6}$, vergleichbar mit Würfeln.
Spätestens im sechsten Versuch findet Max durch Probieren die richtige Zahl.

Mit der Wahrscheinlichkeit $\frac{1}{6} \cdot \frac{1}{6} \cdot \frac{1}{6} = \frac{1}{2} \triangleq$ **50** % findet er die Zahl **bis zum dritten Versuch nicht**.

P(spätestens im 3. Versuch) = 1 − 0,5 = 0,5 $\triangleq$ **50** %

A53. Geburten von Jungen und Mädchen sind fast gleich wahrscheinlich.
Wie groß ist die Wahrscheinlichkeit, dass bei **drei** aufeinander folgenden Geburten **genau zwei Jungen** zur Welt kommen, wenn

a) keine weiteren Informationen vorhanden sind,

A: „Genau zwei Jungen bei drei Geburten":
A = {jjm, jmj, mjj}
$P(2J) = \frac{3}{2^3} = 0.375 \triangleq 37{,}5\,\%$

b) wenn zusätzlich bekannt ist, dass mindestens ein Junge geboren wird (bedingte Wahrscheinlichkeit).

A: „Genau zwei Jungen bei drei Geburten"
$P(A) = \frac{3}{8}$ (siehe Teilaufgabe a)

B: P(mindestens ein Junge) = 1 – P(kein Junge) =
$= 1 - \left(\frac{1}{2} \cdot \frac{1}{2} \cdot \frac{1}{2}\right) = \frac{7}{8}$
B = {jmm, mjm, mmj, jjm, jmj, mjj, jjj}

A∩B = {jjm, jmj, mjj} = A

$$P_B(A) = \frac{P(A \cap B)}{P(B)} = \frac{P(A)}{P(B)} = \frac{\frac{3}{8}}{\frac{7}{8}} = \frac{3}{7} \approx 0{,}4286 \triangleq \mathbf{42{,}86\,\%}$$

A54. Ein Multiple-Choice-Test besteht aus **15 Fragen**, mit jeweils **5 Antwortmöglichkeiten**, von denen genau eine richtig ist.

Die **Wahrscheinlichkeitsverteilung** ist gegeben durch:

k	8	9	10	11	12	13	14	15
P(X≤k)	0,711	0,939	0,969	0,982	0,989	0,992	0,999	1

a) Wie groß ist die Wahrscheinlichkeit, dass **mindestens** 10 Aufgaben richtig sind?

$P(X \geq 10) = 1 - P(X \leq 9) = 1 - 0{,}939 = 0{,}061 \,\hat{=}\, \textbf{6,1 \%}$

b) Wie groß ist die Wahrscheinlichkeit, dass **höchstens** 13 Aufgaben richtig sind?

$P(X \leq 13) = 0{,}992 \,\hat{=}\, \textbf{99,2 \%}$

c) Wie groß ist die Wahrscheinlichkeit, dass **genau** 15 Aufgaben richtig sind?

$P(X = 15) = P(X \leq 15) - P(X \leq 14) = 1 - 0{,}999 =$
$= 0{,}001 \,\hat{=}\, \textbf{0,1 \%}$

A55. Bei einer Party hat man die Wahl entweder 3 € Eintritt zu bezahlen oder den Eintrittspreis mit einem Spielwürfel zu ermitteln. D. h. würfelt man z. B. eine 2 zahlt man 2 €, würfelt man eine 5, so zahlt man 5 € Eintritt.
Wie groß ist der Erwartungswert beim Würfeln?

$$E(X) = 1 \cdot \frac{1}{6} + 2 \cdot \frac{1}{6} + 3 \cdot \frac{1}{6} + 4 \cdot \frac{1}{6} + 5 \cdot \frac{1}{6} + 6 \cdot \frac{1}{6} =$$
$$= \frac{21}{6} = 3,5$$

Mit dem Werfen eines Würfels wären demnach **3,50 €** zu zahlen. Dies wäre teurer, als wenn man gleich 3 € Eintritt entrichtet.

A56. Wie groß ist der Erwartungswert beim Werfen eines **siebenseitigen** Würfels, dessen Augenzahlen aus der **1 und** den sechs ersten **Primzahlen** bestehen.

$\Omega = \{1,2,3,5,7,11,13\}$
jede Zahl hat die Wahrscheinlichkeit p = $\frac{1}{7}$

$$E(X) = \frac{1}{7} \cdot (1 + 2 + 3 + 5 + 7 + 11 + 13) =$$
$$= \frac{42}{7} = 6$$

Bei diesem Würfel könnte man daher die Zahl 6 erwarten, die sich jedoch nicht auf dem Würfel befindet.

A57.a) Bei einer Veranstaltung muss jeder der fünfzig Teilnehmer ein Los kaufen.
Der 1. Preis hat einen Wert von 100 €, der 2. Preus von 25 € und der 3. Preis ist 10 € wert.
Jeder der keinen dieser Gewinne bekommt, erhält einen Trostpreis in Höhe von 1 €.
Wie teuer müsste ein Los sein, damit Einnahmen und Ausgaben sich ausgleichen?

$$E(X) = \frac{1}{50} \cdot (100 + 25 + 10 + (47 \cdot 1)) = \frac{182}{50} =$$
$$= \mathbf{3,64}$$

Es müsste also jedes Los für **3,64 €** verkauft werden, damit kein Verlust (aber auch kein Gewinn) auftritt.

b) Wie viel Gewinn erzielt der Veranstalter, wenn er jedes Los für 5 € verkauft?

Gewinn = 50·(5 € – 3,64 €) = **68 €**

A58. Ein Spielautomatenbesitzer wirbt bei einem **Einsatz** von **1 €** pro Spiel mit folgendem Gewinnplan (Wahrscheinlichkeitsverteilung):

Gewinn in Euro	0	0,10	0,30	1,50
Wahrscheinlichkeit	0,3	0,4	0,2	0,1

Ist dies ein faires Spiel?
Berechne den Erwartungswert:

Zufallsgröße
X: „Gewinn oder Verlust pro Spiel"

$$E(X) = 0 \cdot 0,3 + 0,1 \cdot 0,4 + 0,3 \cdot 0,2 + 1,5 \cdot 0,1 = 0,25$$

Mit dem Einsatz von 1 € pro Spiel ist der Erwartungswert **25 Cent**.

Der **Besitzer gewinnt** damit pro Spiel **75 Cent** (1 € Einsatz - 25 ct „Gewinn" zu erwarten).

Kein faires Spiel.

A59. Eine Urne enthält 8 rote und 2 blaue Kugeln.
Zieht man eine blaue Kugel, gewinnt man 10 €.

a) Der **Einsatz** beträgt **5 €**. Lohnt sich dieses Spiel?

Bei einer Ziehung kann man 5 € gewinnen (10 €
Gewinn abzüglich 5 € Einsatz) oder den Einsatz
verlieren.

Wahrscheinlichkeitsverteilung:

X(blau oder rot)	blau $+ 5$ €	rot $- 5$ €
P(X)	$\dfrac{2}{10} = \dfrac{1}{5}$	$\dfrac{8}{10} = \dfrac{4}{5}$

$E(X) = 5 \cdot \dfrac{1}{5} + (-5) \cdot \dfrac{4}{5} = 1 - 4 = -\mathbf{3}$ **€**

Man verliert also auf lange Sicht 3 €

b) **Einsatz 2 €:**

8 € Gewinn (10 € Gewinn abzüglich 2 € Einsatz)
oder 2 € Verlust (Einsatz).

$E(X) = 8 \cdot \dfrac{1}{5} + (-2) \cdot \dfrac{4}{5} = 1{,}60 - 1{,}60 = 0$

Bei 2 € Einsatz kann das Spiel als **fair**
Bezeichnet werden.

A60. Abituraufgabe

Für das Einchecken der Gäste gibt es in einem Hotel zwei Schalter. Der Eincheckvorgang dauert bei **ausländischen** Gästen jeweils **fünf** Minuten, bei **deutschen** Gästen jeweils **drei** Minuten. Zeitgleich mit den deutschen Ehepaaren Müller und Schulz kommen **vier Niederländer** an. Diese acht Gäste verteilen sich rein zufällig zu je vier Personen auf die beiden Schalter. Herr **Müller** steht in seiner Reihe als **Letzter**.

Berechnen Sie den Erwartungswert für die Zufallsgröße X: „**Zufällige Zeit, bis Herr Müller den Schalter verlassen kann.**"

M sei die Zufallsvariable, welche die **Abfertigungszeit der drei Personen vor H. Müller** beschreibt, abhängig von den Personen, mit denen er in der Reihe steht.

Ereignis		Zeit	P(M)
e_1	Drei Deutsche stehen vor Herrn Müller	9 min	$\dfrac{\binom{3}{3} \cdot \binom{4}{0}}{\binom{7}{3}} = \dfrac{1}{35}$
e_2	Zwei Deutsche und ein Niederländer stehen vor Herrn Müller	11 min	$\dfrac{\binom{3}{2} \cdot \binom{4}{1}}{\binom{7}{3}} = \dfrac{12}{35}$
e_3	Ein Deutscher und zwei Niederländer stehen vor Herrn Müller	13 min	$\dfrac{\binom{3}{1} \cdot \binom{4}{2}}{\binom{7}{3}} = \dfrac{18}{35}$
e_4	Drei Niederländer stehen vor Herrn Müller	15 min	$\dfrac{\binom{3}{0} \cdot \binom{4}{3}}{\binom{7}{3}} = \dfrac{4}{35}$

P(M)-Zähler: Vor Müller stehen Deutsche **oder** Niederländer
P(M)-Nenner: Ohne Herrn Müller gibt es insgesamt sieben Personen, von denen genau drei vor ihm stehen.

Zu A60.

Es ist unerheblich in welcher Reihenfolge die drei Personen vor Herrn Müller stehen. Allerdings kann er nicht vor sich selbst stehen, so dass nur drei Deutsche und vier Niederländer zur Auswahl stehen.

$$E(M) = 9 \cdot \frac{1}{35} + 11 \cdot \frac{12}{35} + 13 \cdot \frac{18}{35} + 15 \cdot \frac{4}{35} = \frac{87}{7} \text{ min}$$

Herr Müller hat selbst eine Wartezeit von 3 min:
$$E(X) = E(M) + 3 \text{ min} = \frac{108}{7} \text{ min} =$$
$$= 15\frac{3}{7} \text{ min} \approx 15 \text{ min } 26 \text{ sec}$$
(Wartezeit von HerrnMüller)

Nach ungefähr 15 min 26 sec wird Herr Müller den Schalter verlassen können.

A61. Berechne die Varianz und die Standardabweichung für die Aufgabe A60.

Mittelwert: $\mu = \frac{9+11+13+15}{4} = 12 \text{ min}$

Varianz:
$$\sigma^2 = V(X) = E((X\text{-}12)^2) =$$
$$= (9\text{-}12)^2 \cdot \frac{1}{35} + (11\text{-}12)^2 \cdot \frac{12}{35} + (13\text{-}12)^2 \cdot \frac{18}{35} + (15\text{-}12)^2 \cdot \frac{4}{35} =$$
$$= \frac{9}{35} + \frac{12}{35} + \frac{18}{35} + \frac{36}{35} = \frac{75}{35} = 2\frac{1}{7}$$

Standardabweichung: $\sigma = \sqrt{2\frac{1}{7}} \approx 1,46$

Wartezeit von Herrn Müller: **15,43 min $\pm$ 1,46 min**
(15 min 26 sec $\pm$ 1 min 27 sec)

A62. In einer Getreide-Ähre befanden sich stets durchschnittlich 25 Körner. Das Getreide wurde gentechnisch verändert, worauf sich bei 16 Stichproben folgende Körnerzahlen ergaben:

i	1	2	3	4	5	6	7	8	9
e_r	38	42	26	33	41	28	29	32	39

10	11	12	13	14	15	16
40	27	32	34	28	40	35

Berechne den Mittelwert, die Varianz und die Standardabweichung.

Mittelwert:

$$\mu = \frac{38+42+26+33+41+28+29+32+39+40+27+32+34+28+40+35}{16} =$$
$$= \frac{544}{16} = 34$$

Varianz:

$$\sigma^2 = V(X) = \frac{1}{16} \cdot ((38\text{-}34)^2+(42\text{-}34)^2+(26\text{-}34)^2+(33\text{-}34)^2+$$
$$+49+36+25+4+16+36+49+4+0+36+36+1) = 27{,}3125$$

Standardabweichung:

$$\sigma = \sqrt{27{,}3125} \approx 5{,}23$$

Die neuen Ähren enthalten durchschnittlich **34 $\pm$ 5,23 Körner**.

A63. Probeabituraufgabe

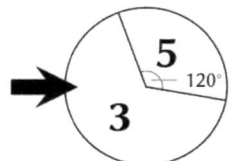

Maria dreht das abgebildete Glücksrad.
Tim wirft einen Würfel mit den Augenzahlen 2, 2, 2, 4, 6, 6.

Wer die größere Zahl erhält gewinnt.

a) Maria erklärt: „Weil die Erwartungswerte für die erdrehte und die gewürfelte Zahl gleich sind, ist das Spiel fair." Zeigen und begründen Sie, dass die Erwartungswerte zwar übereinstimmen, das Spiel aber trotzdem nicht fair ist.

Glücksrad: $P(R=5) = \frac{120°}{360°} = \frac{1}{3}$ und $P(R=3) = \frac{2}{3}$

Würfel: $P(W=2) = \frac{3}{6}$; $P(W=4) = \frac{1}{6}$; $P(W=6) = \frac{2}{6}$

$E(R) = 3 \cdot \frac{2}{3} + 5 \cdot \frac{1}{3} = \frac{11}{3}$

$E(W) = 2 \cdot \frac{3}{6} + 4 \cdot \frac{1}{6} + 6 \cdot \frac{2}{6} = \frac{11}{3}$

Die Erwartungswerte stimmen überein.

Ergebnis R|W	3|2	3|4	3|6	5|2	5|4	5|6
Gewinner	**Maria**	Tim	Tim	**Maria**	**Maria**	Tim
P(RW)	$\frac{2}{3} \cdot \frac{3}{6}$	$\frac{2}{3} \cdot \frac{1}{6}$	$\frac{2}{3} \cdot \frac{2}{6}$	$\frac{1}{3} \cdot \frac{3}{6}$	$\frac{1}{3} \cdot \frac{1}{6}$	$\frac{1}{3} \cdot \frac{2}{6}$

$P(\text{Maria gewinnt}) = \frac{1}{3} + \frac{1}{6} + \frac{1}{18} = \frac{5}{9}$

$P(\text{Tim gewinnt}) = \frac{1}{9} + \frac{2}{9} + \frac{1}{9} = \frac{4}{9}$

Maria gewinnt mit höherer Wahrscheinlichkeit, weshalb trotz gleicher Erwartungswerte das **Spiel nicht „fair"** ist.

184

Zu A63.

b) Berechnen Sie die Standardabweichungen für das Drehen des Glücksrades und den Würfelwurf.

Glücksrad:

$V(R) = P(R=3) \cdot (3-E(R))^2 + P(R=5) \cdot (5-E(R))^2 =$

$$= \frac{2}{3} \cdot (3 - \frac{11}{3})^2 + \frac{1}{3} \cdot (5 - \frac{11}{3})^2 = \frac{8}{27} + \frac{16}{27} = \frac{24}{27}$$

$$\sigma = \sqrt{\frac{24}{27}} \approx 0,9428 \implies \frac{11}{3} \pm 0,94 \approx \boxed{3,67 \pm 0,94}$$

Würfel:

$V(R) = P(W=2) \cdot (2-E(W))^2 + P(W=4) \cdot (5-E(W))^2 +$

$$+ P(W=6) \cdot (6-E(W))^2 =$$

$$= \frac{1}{2} \cdot (2 - \frac{11}{3})^2 + \frac{1}{6} \cdot (4 - \frac{11}{3})^2 + \frac{1}{3} \cdot (6 - \frac{11}{3})^2 =$$

$$= \frac{25}{18} + \frac{1}{54} + \frac{49}{27} = \frac{29}{9}$$

$$\sigma = \sqrt{\frac{29}{9}} \approx 1,7951 \implies \frac{11}{3} \pm 1,80 \approx \boxed{3,67 \pm 1,80}$$

c) Geben Sie eine Beschriftung des Laplace-Würfels so an, dass das Spiel fair wird. Ändern Sie dabei nur eine einzige Augenzahl.

Damit das Spiel fair wird, ersetzt man die 4 durch eine 6 und erhält einen Würfel mit den Augenzahlen: **2,2,2,6,6,6** Die Wahrscheinlichkeit eine 2 oder eine 6 zu würfeln beträgt jeweils 0,5. Würfelt Tim eine 2, so verliert er sicher, unabhängig davon, welche Zahl Marie erdreht. Würfelt er eine 6, so gewinnt er sicher. Die Wahrscheinlichkeit, dass Tim gewinnt ist also genauso groß wie die Wahrscheinlichkeit, dass er verliert.

Somit ist das Spiel mit dieser Würfelbeschriftung fair.

185

A64. Abituraufgabe
Ein Gepäck von Flugreisenden besteht zu **60 %** aus
Koffern und zu **30 %** aus **Reisetaschen**. Die Koffer sind
zu **25 %** in **blau**er Farbe.
Am Flughafen werden alle **80 Gepäckstücke** auf das
Entnahmeband entladen.

a) Begründe, dass die Wahrscheinlichkeit für einen
   blauen Koffer 0,15 beträgt.

P(**blauer** Koffer) = 0,6·0,25 = **0,15 = 15 %**

b) Berechne folgende Wahrscheinlichkeiten:
   A: „Unter den entladenen Gepäckstücken sind
   genau 12 blaue Koffer"

$$P(X=12) = \binom{80}{12} \cdot 0,15^{12} \cdot 0,85^{68} \approx 0,1240 \,\hat{=}$$
$$\hat{=} \mathbf{12,4\,\%}$$
(mit der Wahrscheinlichkeit 0,15 aus Aufgabe a)

B: „Unter den entladenen Gepäckstücken sind
höchstens 12 blaue Koffer"

$$P(X\leq12) = \sum_{k=0}^{12} \binom{80}{k} \cdot 0,15^{k} \cdot 0,85^{80-k} \approx$$
$$\approx 0,5762 \,\hat{=}\, 57,62\,\%$$

Im **Tafelwerk** wird mit n = 80 und p = 0.15 in
der linken Spalte bei „12" der Wert 0,57622
abgelesen.

Mit **CAS-Rechner „binomCdf(80,0.15,0,12)"**:
menu→5→5→E→n=80→p=0,15→0→12→OK

Zu A64.

C: „**Erst das sechste Gepäckstück** auf dem Band ist ein **blauer Koffer**"

Zuerst erscheinen fünf Koffer mit nicht blauer Farbe und erst der sechste Koffer ist blau:
P(C) = $0,85^5 \cdot 0,15^1 \approx 0,4437 \cdot 0,15 \approx 0,0665 \triangleq$ **6,65 %**

D: „Spätestens **das vierte Gepäckstück ist ein Koffer** beliebiger Farbe"

Das erste Gepäckstück kann ein Koffer sein **oder** das zweite **oder** das dritte **oder** das vierte Gepäckstück ist ein Koffer.
Dies ist das **Gegenereignis** zu „**kein Koffer** unter den ersten vier Gepäckstücken".

P(**kein** Koffer unter den ersten vier Gepäckstücken)=
$$= \binom{4}{0} \cdot 0,6^0 \cdot 0,4^4 = 0,0256$$

P(spätestens das vierte Gepäckstück ist ein Koffer) =
= 1 − 0,0256 = 0,9744 $\triangleq$ **97,4 %**

E: „Unter den 80 Gepäckstücken sind **mindestens 48 und höchstens 52 Koffer**"

P(48 ≤ X ≤ 52) = P(X ≤ 52) − P(X ≤ 47) ≈
≈ 0,84791 - 0,45163 = 0,39628 ≈ **39,6 %**

mit Tabellen oder CAS-Rechner:
binomCdf(80,0.6,0,52) - binomCdf(80,0.6,0,47)

187

Zu A64.

c) Beschreiben Sie ein Ereignis E aus dem obigen Sachverhalt, dessen Wahrscheinlichkeit wie folgt berechnet wird:

$$P(E) = \binom{80}{8} \cdot 0{,}1^8 \cdot 0{,}9^{72} + \binom{80}{9} \cdot 0{,}1^9 \cdot 0{,}9^{71}$$

Ereignis E:
„Acht oder neun der 80 Gepäckstücke auf dem Entnahmeband sind mit einen Anteil von 10 % aller Gepäckstücke weder Koffer noch Reisetaschen."

d) Wie viele Gepäckstücke müssen mindestens über das Band gelaufen sein, damit mit 99,9-prozentiger Sicherheit mindestens eine Reisetasche dabei ist?

X: „Reisetasche"
$$P(X \geq 1) \geq 0{,}999$$
$$1 - P(X = 0) \geq 0{,}999$$
$$1 - \binom{n}{0} \cdot 0{,}3^0 \cdot 0{,}7^{n-0} \geq 0{,}999$$
$$1 - 0{,}7^n \geq 0{,}999$$
$$0{,}7^n \leq 0{,}001 \quad |\lg$$
$$n \cdot \lg 0{,}7 \leq \lg 0{,}001$$
$$n \geq 19{,}367$$

Es müssen mindestens 20 Gepäckstücke über das Band gelaufen sein.

Beachte:
Das Ungleichheitszeichen in der letzten Ungleichungszeile wechselt, da durch die negative Zahl $\lg 0{,}7 \approx -0{,}155$ dividiert wird.

A65. Abituraufgabe

Ein Internethändler erhält jeden von ihm versandten Artikel mit einer Wahrscheinlichkeit von **30 % zurück**.

An einem bestimmten Tag werden 1 Fernseher, 3 Kameras, 5 Musikspieler und 6 Smartphones versendet. Bestimmen Sie die Wahrscheinlichkeiten folgender Ereignisse:

A: „Es werden **genau zwei Artikel** zurückgegeben"

$$P(A) = P(X=2) = \binom{15}{2} \cdot (0{,}3)^2 \cdot (0{,}7)^{13} = 0{,}09156 \approx$$

$$\approx \mathbf{9{,}2\ \%}$$

B: „Die einzigen zurückgegebenen Artikel sind **zwei Kameras**"

Von den drei Kameras werden zwei zurückgesandt **und** von den 12 anderen Artikeln keiner.

Hinweis:
„**und**" bedeutet Multiplikation!

$$\downarrow$$

$$P(B) = \binom{3}{2} \cdot (0{,}3)^2 \cdot (0{,}7)^1 \cdot \binom{12}{0} \cdot (0{,}3)^0 \cdot (0{,}7)^{12} =$$
$$= 0{,}002616 \approx \mathbf{0{,}26\ \%}$$

C: „Die Kunden behalten **mindestens 13** Artikel"

D. h. **höchstens zwei** Artikel werden zurückgegeben.

$$P(C) = P(X \leq 2) =$$
$$= \binom{15}{0} \cdot 0{,}3^0 \cdot 0{,}7^{15} + \binom{15}{1} \cdot 0{,}3^1 \cdot 0{,}7^{14} +$$
$$+ \binom{15}{2} \cdot 0{,}3^2 \cdot 0{,}7^{13} \approx 0{,}1268 \approx \mathbf{12{,}7\ \%}$$

A66. Abituraufgabe

Zwanzig ehemalige Auszubildende treffen sich im Ausbildungsbetrieb. Acht von ihnen haben die Lehre in zwei Jahren erfolgreich abgeschlossen, neun in drei Jahren. Die restlichen hatten die Lehre abgebrochen.
Der Ausbilder berichtet stolz, dass derzeit nur noch 10 % seiner Lehrlinge die Lehre abbrechen.

a) Mit welcher Wahrscheinlichkeit schließen die nächsten fünf Azubis die Lehre erfolgreich ab?

$n = 5$ und $p = 0,9$ (90 % mit Lehrabschluss)
$$P(X{=}5) = \binom{5}{5} \cdot 0,9^5 \cdot 0,1^0 = 0,59049 \approx \mathbf{59,1\ \%}$$

b) Mit welcher Wahrscheinlichkeit schließen mindestens vier der nächsten fünf Azubis die Lehre erfolgreich ab?

$$p(X \geq 4) = \binom{5}{4} \cdot 0,9^4 \cdot 0,1^1 + \binom{5}{5} \cdot 0,9^5 \cdot 0,1^0 =$$
$$= 0,91854 \approx \mathbf{91,9\ \%}$$

A67. Abituraufgabe

Ein Kioskbetreiber verkauft Bratwürste. Er prüft stets 50 Würste auf ihr Mindestgewicht. Sind **höchstens drei Würste untergewichtig**, so nimmt er die Lieferung an. Mit welcher Wahrscheinlichkeit kommt es zu einer **Ablehnung**, wenn die Wahrscheinlichkeit für eine untergewichtige Bratwurst 0,05 beträgt?

X: „Zahl der untergewichtigen Würste"

$$P(X>3) = 1 - P(X\leq3) = 1 - [\binom{50}{0} \cdot 0,05^0 \cdot 0,95^{50} +$$

$$+ \binom{50}{1} \cdot 0,05^1 \cdot 0,95^{49} + \binom{50}{2} \cdot 0,05^0 \cdot 0,95^{48} +$$

$$+ \binom{50}{3} \cdot 0,05^3 \cdot 0,95^{47}] = 1 - 0,76041 = 0,23959$$

Mit einer Wahrscheinlichkeit von etwa 24 % wird die Wurstlieferung abgelehnt.

A68. Abituraufgabe

In einer Schachtel befinden sich unterschiedliche Schraubentypen: 50 a-Schrauben, 110 b-Schrauben und 20 c-Schrauben. Es werden genau **fünf** Schrauben entnommen.

a) Mit welcher Wahrscheinlichkeit erhält man **genau drei b-Schrauben**?

$$P(b=3) = \binom{5}{3} \cdot \left(\frac{110}{180}\right)^3 \cdot \left(\frac{70}{180}\right)^2 \approx 0,34515 \approx \textbf{34,5 \%}$$

Zu A68.

b) Mit welcher Wahrscheinlichkeit befindet sich unter
   den fünf Schrauben **höchstens eine c-Schraube**?

$$P(c \leq 1) = \binom{5}{0} \cdot \left(\frac{20}{180}\right)^0 \cdot \left(\frac{160}{180}\right)^5 + \binom{5}{1} \cdot \left(\frac{20}{180}\right)^1 \cdot \left(\frac{160}{180}\right)^4 \approx$$
$$\approx 0{,}90176 \approx \mathbf{90{,}2\,\%}$$

c) Von den Schrauben sind erfahrungsgemäß **3 %
   defekt**. Es werden **106 fehlerfreie b-Schrauben**
   benötigt. Mit welcher Wahrscheinlichkeit reichen **110
   Schrauben** aus?

$0{,}03 \cdot 110 = \mathbf{3{,}3}$
es sind also bis zu **4 defekte Schrauben,** zu erwarten.

P(mindestens 106 Schrauben sind fehlerfrei) =
= P(höchstens 4 Schrauben sind defekt) =

$$= P(b \leq 4) = \binom{110}{0} \cdot 0{,}03^0 \cdot 0{,}97^{110} +$$

$$+ \binom{110}{1} \cdot 0{,}03^1 \cdot 0{,}97^{109} + \binom{110}{2} \cdot 0{,}03^2 \cdot 0{,}97^{108} +$$

$$+ \binom{110}{3} \cdot 0{,}03^3 \cdot 0{,}97^{107} + \binom{110}{4} \cdot 0{,}03^4 \cdot 0{,}97^{106} \approx$$

$$\approx 0{,}035066 + 0{,}119298 + 0{,}201084 + 0{,}223888 +$$
$$+ 0{,}185227 \approx 0{,}76456$$

Mit einer Wahrscheinlichkeit von **76,46 %** reichen 110
Schrauben aus.

Zu A68.

b) Zu den Schrauben wurden **Regalböden** gekauft, von denen **5 % Mängel** aufweisen.

d1) Mit welcher Wahrscheinlichkeit sind die ersten **fünf** Regalböden **mängelfrei**?

$$P(X=0) = \binom{5}{0} \cdot 0{,}05^0 \cdot 0{,}95^5 \approx 0{,}7738 \approx \textbf{77,4 \%}$$

d2) Mit welcher Wahrscheinlichkeit befinden sich unter **28 Regalböden** genau **vier** mit einem Mangel?

$$P(Y=4) = \binom{28}{4} \cdot 0{,}05^4 \cdot 0{,}95^{24} \approx 0{,}03737 \approx \textbf{3,7 \%}$$

d3) Beschreiben Sie in diesem Zusammenhang ein Ereignis, mit der Wahrscheinlichkeit
$$P(E) = 1 - \sum_{k=0}^{4} \binom{28}{k} \cdot 0{,}05^k \cdot 0{,}95^{28-k}$$

$$P(E) = 1 - \sum_{k=0}^{4} \binom{28}{k} \cdot 0{,}05^k \cdot 0{,}95^{28-k} = 1 - (Z{\le}4) =$$
$$= 1 - P(\text{höchstens 4 Mangelböden unter 28 Böden}) =$$
$$= P(\textbf{mehr als 4 Mangelböden bei 28 Regalböden})$$

Unter 28 zufällig entnommenen Regalböden befinden sich **mindestens fünf** Böden mit Mängeln.

A69. Abituraufgabe

Ein Psychologe geht aufgrund von Untersuchungen an mehreren tausend Probanden davon aus, dass **3 %** aller deutschen Schüler **mathematisch hochbegabt** sind. Zur Überprüfung einer derartigen Begabung werden **100 Schüler** ausgewählt.

a) Berechnen Sie die Wahrscheinlichkeit folgender Ereignisse:

A: „Unter den getesteten Schülern befinden sich **genau drei** mathematisch Hochbegabte"

$$P(A) = \binom{100}{3} \cdot 0{,}03^3 \cdot 0{,}97^{97} \approx 0{,}22747 \approx \mathbf{22{,}7\ \%}$$

B: „Unter den getesteten Schülern befinden sich **mindestens drei** mathem. Hochbegabte"

$$P(B) = P(X \geq 3) = 1 - P(X \leq 2) =$$
$$= 1 - [\binom{100}{0} \cdot 0{,}03^0 \cdot 0{,}97^{100} +$$
$$+ \binom{100}{1} \cdot 0{,}03^1 \cdot 0{,}97^{99} + \binom{100}{2} \cdot 0{,}03^2 \cdot 0{,}97^{98}] \approx$$
$$\approx 1 - [0{,}04755 + 0{,}14707 + 0{,}22515] = 0{,}58023 \approx$$
$$\approx \mathbf{58\ \%}$$

C: Welche Wahrscheinlichkeit hat der Term $A \cup \overline{B}$?

$$P(A \cup \overline{B}) = 0{,}22747 + (1 - 0{,}58023) = 0{,}64714 \approx$$
$$\approx \mathbf{64{,}7\ \%}$$

Zu A69.

D: „Der zehnte getestete Schüler ist der erste
    mathematisch Hochbegabte"

Unter den ersten neun Schülern ist kein Hochbegabter;
erst der zehnte Schüler ist hochbegabt. $\Rightarrow$

$$P(D) = \left(\frac{97}{100}\right)^9 \cdot \left(\frac{3}{100}\right)^1 \approx 0,0228 \approx \mathbf{2,3\,\%}$$

E: „Spätestens der zehnte getestete Schüler ist der erste
    mathemaisch Hochbegabte"

Es kann also bereits der erste; der zweite … oder
spätestens der zehnte Schüler hochbegabt sein.
Das Gegenereignis $\overline{E}$ wäre dann: „Unter den ersten zehn
Schülern ist kein Hochbegabter"

$$P(\overline{E}) \;=\; P(X = 0) = \left(\frac{97}{100}\right)^{10} \cdot \left(\frac{3}{100}\right)^0 \approx 0,73742$$
$$P(E) = 1 - P(\overline{E}) = 0,26258 \approx \mathbf{26,3\,\%}$$

b) Wie viele Schüler müsste man mindestens testen,
   wenn mit einer Wahrscheinlichkeit von **mehr als 0,95**
   am Ende **mindestens 30 Schüler** als mathematisch
   hochbegabt bekannt sein sollen?

$P(X \geq 30) > 0,95 \;\Rightarrow\; 1 - P(X \leq 29) > 0,95 \;\Rightarrow$
$P(X \leq 29) < 0,05$
mit Tabellen oder dem CAS-Recner kann man sich herantasten:
Z. B. **binomCdf(1313,0.03,0,29) = 0,04987** und vorherige Werte.
$n = 1000 \;\Rightarrow\; 0,474608$; $n = 1200 \;\Rightarrow\; 0,134106$
$n = 1300 \;\Rightarrow\; 0,056402$; $n = 1310 \;\Rightarrow\; 0,051317$
$n = 1312 \;\Rightarrow\; 0,050348$: $n = \mathbf{1313} \;\Rightarrow\; \mathbf{0,04}987 < \mathbf{0,05}$
Es müssten demnach mindestens **1313 Schüler** getestet
werden, um mit 95 % Wahrscheinlichkeit mindestens 30
Hochbegabte zu ermitteln.

A70. Abituraufgabe

Eine Marktanalyse kommt zu dem Ergebnis, dass **3 %** aller Besuche einer Reisebüro-Internetseite, die **länger als drei Minuten** dauern, zu einer Buchung führen.

Könnte dies sogar in 4,5 % aller Fälle so sein?

Untersuchen Sie, ob es möglich ist, mit einer Stichprobe von **n = 1.100** einen **Alternativtest** so durchzuführen, dass sowohl die Wahrscheinlichkeit für den Fehler 1. Art und den Fehler 2. Art jeweils **höchstens 0,1** beträgt.

H_1: p = 0,030
H_2: p = 0,045
Signifikanzniveau α = 0,1
Z: „Zahl der buchenden Personen"

Mit dem **Fehler 1. Art** wird die richtige Hypothese H_1 irrtümlich als unwahr abgelehnt.

Ab relativ großen Zahlen Z, nämlich mehr als 33 Personen (3 % von 1100 Personen), wird H_1 abgelehnt:

$$P(X \geq Z) = 1 - P(X \leq Z-1) =$$
$$= 1 - \sum_{i=0}^{Z-1} \binom{1100}{i} 0,03^i \cdot 0,97^{1100-i} \leq 0,1$$
$$\sum_{i=0}^{Z-1} \binom{1100}{i} 0,03^i \cdot 0,97^{1100-i} \geq 0,9$$

Mit binomCdf(1100,0.03,0,40) = **0,**904536 errechnet sich ein größerer Wert als 0,9 für **Z – 1 = 40**, also **Z = 41**.
Damit ergibt sich ein **Ablehnungsbereich** von
$$\overline{A} = \{41, 42, 43, \ldots, 1100\}$$

Die Hypothese H_1 = 0,03 wird mit höchstens 10 % Wahrscheinlichkeit abgelehnt, obwohl sie zutrifft, wenn mehr als 40 Internet-Besucher buchen.

Zu A70.

Ein **Fehler 2. Art** wird begangen, wenn die nicht zutreffende Hypothese H_1 (H_2 gilt mit 4,5 %) irrtümlich als wahr angenommen wird:

Mit dem Annahmebereich A = {0,1,2,…,39,40} des Fehlers 1. Art ergibt sich:

$$P(X \leq Z-1) = \mathbf{P(X \leq\ 40)} =$$
$$= \sum_{i=0}^{40} \binom{1100}{i} \mathbf{0,045}^i \cdot 0{,}955^{1100-i} \approx$$
$$\approx \mathbf{0,092}239 < \mathbf{0,1}$$

mit **binomCdf(1100,0.045,0,40)** = 0,092239 oder nut Tabellenwerk

Damit liegt man ebenfalls knapp unter einem Signifikanzniveau von 0,1, weshalb ein derartiger Alternativtest durchaus sinnvoll ist.

Gemäß Kapitel 17.3.2 (Seite 101) soll jedoch das sicherste Signifikanzniveau bei 0,05 liegen.

A71. Abituraufgabe

Ein Hersteller hat seine Fertigung modernisiert. Er testet nun, ob der Mängelanteil noch **5 %** beträgt oder **auf 1 % gesunken** ist. Er will die Hypothese **p = 0,01** genau dann verwerfen, wenn sich in der Stichprobe des Umfangs **n = 200** mindestens **6** Stücke mit Mängeln befinden.
Welche Entscheidungsmöglichkeiten ergeben sich für den Hersteller nach Berechnung der Fehler 1. und 2. Art?

Fehler 1. Art: Die wahre Hypothese **0,01** wird irrtümlich als unwahr abgelehnt, weil mehr als 6 Stücke mangelhaft sind:

$$P(X \geq 6) = 1 - P(X \leq 5) = 1 - [\binom{200}{0} \cdot \mathbf{0,01}^0 \cdot 0,99^{200} +$$

$$+ \binom{200}{1} \cdot 0,01^1 \cdot 0,99^{199} + \ldots$$

$$\ldots + \binom{200}{5} \cdot 0,01^5 \cdot 0,99^{195}] \approx 1 - 0,983977 =$$

$$= 0,016023 \approx \mathbf{1,6 \%}$$

CAS-Rechner: **binomCdf(200,0.01,0,5) = 0,983977**

Fehler 2. Art: Die falsche Hypothese **0,05** wird irrtümlich als wahr angenommen, weil weniger als 6 Teile Mängel aufweisen:

$$P(X \leq 5) = \binom{200}{0} \cdot \mathbf{0,05}^0 \cdot 0,95^{200} +$$

$$+ \binom{200}{1} \cdot 0,05^1 \cdot 0,95^{199} + \cdots + \binom{200}{5} \cdot 0,05^5 \cdot 0,95^{195}$$

$$\approx 0,06234 \approx \mathbf{6,2 \%}$$

binomCdf(200,**0.05**,0,5) = 0, 06234

Die wahre Hypothese p = 0,01 wird mit 1,6 % Wahrscheinlichkeit verworfen, die falsche Annahme p = 0,05 wird mit der etwas höheren, aber immer noch erträglichen Wahrscheinlichkeit von 6,2 % verworfen.
Der Hersteller kann bei weniger als sieben mangelhaften Stücken unter 200 Stichprobenobjekten mit der modernisierten Anlage zufrieden sein.

A72.

Ein Meteorologe A sagt das Wetter mit der Wahrscheinlichkeit p = 0,6 und der Meteorologe B mit der Wahrscheinlichkeit p = 0,8 richtig voraus.

Ein Laie überprüft 20 Vorhersagen auf ihre Richtigkeit. Wenn **mehr als 14 richtig** sind (Mittelwert liegt zwischen $0,6 \cdot 20 = 12$ und $0,8 \cdot 20 = 16$), vermutet die Testperson, dass Wettermann B zuständig war.

$$Z > 14 \Rightarrow \text{Entscheidung für B mit p = 0,8}$$
$$Z \leq 14 \Rightarrow \text{Entscheidung für A mit p = 0,6}$$

a) Mit welcher Wahrscheinlichkeit nimmt die Person **zu Recht B** als zuständig an?

$$P_{0,8}^{20}(Z > 14) = 1 - P_{0,8}^{20}(Z \leq 14) = 1 - 0,19579 = 0,80421$$

(CAS-Rechner: binomCdf(20,**0.8**,0,14) = 0, 19579 oder Tabelle)

Mit **über 80 % Sicherheit** sagte vermutlich der Meteorologe B das Wetter voraus.

b) Mit welcher Wahrscheinlichkeit nimmt die Person **zu Unrecht B** als zuständig an?

$$P_{0,6}^{20}(Z > 14) = 1 - P_{0,6}^{20}(Z \leq 14) = 1 - 0,87440 = 0,1256$$

(binomCdf(20,**0.6**,0,14) = 0, 87440)

Mit nur **etwa 12,6 % Wahrscheinlichkeit** sagte A das Wetter voraus.

Der Laie erkennt die „Wetterfrösche" ziemlich gut.

A73.

Von zwei äußerlich nicht unterscheidbaren Münzen weiß man, dass die eine gezinkt und die andere eine Laplace-Münze ist. Bei der gezinkten Münze tritt „Kopf" mit p = 0,3 auf. Welche Fehlentscheidungen können auftreten, wenn bei 200 Würfen einer Münze, diese für die Laplace-Münze gehalten wird, wenn mehr als 80-mal „Kopf" auftritt?

$Z > 80$: Annahme, dass Laplace-Münze geworfen wurde; mit P(Kopf) = 0,5
$Z \leq 80$: Annahme, dass gezinkte Münze geworfen wurde; mit P(Kopf) = 0,3
(**80 ist der Mittelwert** von 0,3·200=60 und 0,5·200=100)

Fehler 1. Art:
Laplace-Münze wurde geworfen, aber gezinkte Münze wird vermutet, da höchstens 80-mal Kopf auftrat.

$$P^{200}_{0,5}(Z \leq 80) \approx 0,00284 \approx \textbf{0,28 \%} \text{ (aus Tabelle)}$$
(CAS-Rechner: binomCdf(200,**0.5**,0,80) = 0, 00284)

Fehler 2. Art:
Gezinkte Münze wurde geworfen, aber die Laplace-Münze wird vermutet, da mehr als 80-mal Kopf erschien.

$$P^{200}_{0,3}(Z > 80) = 1 - P^{200}_{0,3}(Z \leq 80) = 1 - 0,99899 \approx \textbf{0,1 \%}$$
(CAS-Rechner: binomCdf(200,**0.3**,0,80) = 0,99899)

Jeweils sehr geringe Irrtumswahrscheinlichkeiten. Eine gezinkte Münze ist demnach schwer zu erkennen.

A74.

Es soll die Nullhypothese H_0: „Laplace-Münze wurde geworfen" gemäß der Aufgabe A73 getestet werden.

    a) Die Nullhypothese soll abgelehnt werden, wenn höchstens 80-mal oder mehr als 119-mal „Kopf" auftritt.

    H_0: p = 0,5
    H_1: p ≠ 0,5

$Z \leq 80$ oder $Z > 119 \Rightarrow$ Laplace-Münze wurde geworfen und dennoch H_0 abgelehnt (Fehler 1. Art).

$$P_{0,5}^{200}(Z \leq 80) + P_{0,5}^{200}(Z > 119) =$$
$$= P_{0,5}^{200}(Z \leq 80) + \left[1 - P_{0,5}^{200}(Z \leq 119)\right] =$$
$$= 0,00284 + (1 - 0,99716) = 0,00568 \approx \mathbf{0,57}\,\%$$

Mit der sehr kleinen Wahrscheinlichkeit von 0,57 % wird das Auftreten einer Laplace-Münze abgelehnt, wenn weniger als 81- oder mehr als 119-mal Kopf erscheint.

$80 < Z \leq 119 \Rightarrow H_0$ wird nicht abgelehnt.

$$P_{0,5}^{200}(Z \leq 119) - P_{0,5}^{200}(Z \leq 80) = 0,99716 - 0,00284 \approx$$
$$\approx 99,48\,\%$$

Das Vorhandensein einer Laplace-Münze wird mit sehr hoher Wahrscheinlichkeit bestätigt, wenn zwischen 80- und 119-mal Kopf auftritt.

Zu A74.

b) Das Risiko 1. Art soll auf **höchstens 0,1 %** gesenkt
   werden.

$$P_{0,5}^{200}(Z \le k_1) + P_{0,5}^{200}(Z > k_2) \le 0,001$$

Das Signifikanzniveau von 0,001 wird auf die beiden
Wahrscheinlichkeiten mit 0,001 : 2 = **0,0005** verteilt:

$$P_{0,5}^{200}(Z \le k_1) \le \mathbf{0,0005} \text{ und } P_{0,5}^{200}(Z > k_2) \le \mathbf{0,0005}$$

(1) $P_{0,5}^{200}(Z \le k_1) \le 0,0005 \Rightarrow \mathbf{k_1 = 76}$

für den Wert 0,00042, der aus Tabellen oder im Internet zu finden ist

(2) $1 - P_{0,5}^{200}(Z \le k_2) \le 0,005 \Rightarrow P_{0,5}^{200}(Z \le k_2) \ge 0,9995$

$\Rightarrow \mathbf{k_2 \ge 123}$ (für Tabellenwert 0,99958)

Geforderte Entscheidungsregel:
Mit **Z ≤ 76 oder Z ≥ 123** wird H_0 **abgelehnt**, d. h. man
vermutet eine gezinkte Münze.
Mit **76 < Z < 123** wird H_0 nicht abgelehnt, d. h. eine
Laplace-Münze wird vermutet.

Tatsächliches Risiko 1. Art (die Existenz einer Laplace-
Münze wird angezweifelt):

$$P_{0,5}^{200}(Z \le 76 \text{ oder } Z > 123) =$$

$$= P_{0,5}^{200}(Z \le 76) + \left[1 - P_{0,5}^{200}(Z \le 123)\right] =$$

$= 0,00042 + (1 - 0,99958) = 0,00048 = \mathbf{0,048 \% < 0,1 \%}$
dies liegt deutlich unter dem geforderten
Signifikanzniveau

A75. Abituraufgabe
Der Verkäufer eines Bratwurststands vermutet, dass sich das Gewicht der ihm gelieferten Würste verringert hat. Er wählt deshalb 50 Würste als Zufallsprobe aus.
Die Wahrscheinlichkeit für eine untergewichtige Wurst beträgt 5 %.
Stellen Sie eine Entscheidungsregel auf, bei der die Irrtumswahrscheinlichkeit höchstens 1 % beträgt.

H_0: p = 0,05
H_1: p > 0,05 „Anteil der Würste mit zu geringem Gewicht hat sich vergrößert"

Ablehnungsbereich $\overline{A}$ = {k, k+1, ... , 50}
Annahmebereich   A = {0, 1, 2, ... , k-1}

Fehler 1. Art: H_0 wird abgelehnt, obwohl die Nullhypothese (p = 0,05) wahr ist:

$$P_{0,05}^{50}(X \geq k) = 1 - P_{0,05}^{50}(X \leq k-1) \leq 0,01 \ (1 \ \%)$$

$$P_{0,05}^{50}(X \leq k-1) \geq 0,99$$

$$k-1 \geq 7 \ (\text{Tabelle: } \mathbf{0,99681})$$

$$\mathbf{k \geq 8}$$

$\Rightarrow$ Ablehnungsbereich $\overline{A}$ = {8,9,...,50}

Sind also mehr als 8 Würste der 50 ausgewählten Würste untergewichtig, obwohl höchstens 3 Würste (0,05·50 = 2,5) untergewichtig sein dürften, so wird die Lieferung mit einer Irrtumswahrscheinlichkeit von höchstens 1 % abgelehnt

A76. Abituraufgabe

Ein Händler möchte seinen Umsatz erhöhen, indem er jedem versandten Artikel ein kostenloses Werbegeschenk beilegt. Dies lohnt sich jedoch nur, wenn der Anteil der zurückgegebenen Artikel nicht über 30 % ansteigt.
Er führt deshalb eine Testaktion mit 100 Kunden durch.
Stellen Sie eine Entscheidungsregel auf, bei der die Irrtumswahrscheinlichkeit höchstens 10 % beträgt.

X: „Anzahl der zurückgegebenen Artikel in der Stichprobe"
H_0: $p \leq 0{,}30$
Ablehnungsbereich $\overline{A} = \{k, k+1, \ldots, 100\}$
Annahmebereich $\quad A = \{1, 2, \ldots, k-1\}$

Fehler 1. Art (Ablehnung, obwohl H_0 richtig ist):

$$P^{100}_{0,3}(X \geq k) \leq 0{,}1 \quad (10\ \%)$$

$$1 - P^{100}_{0,3}(X \leq k\text{-}1) \leq 0{,}1$$

$$P^{100}_{0,3}(X \leq k\text{-}1) \geq 0{,}9$$

$$k\text{-}1 \geq 36 \quad (\text{aus Tabelle: } 0{,}92012)$$

$$\mathbf{k \geq 37}$$

Ablehnungsbereich: $\overline{A} = \{37, 38, \ldots, 100\}$

Entscheidungsregel:
H_0 ist genau dann abzulehnen, wenn mindestens 37 Rücksendungen während der Testaktion registriert werden.

Die Irrtumswahrscheinlichkeit ist dabei aufgabengemäß **kleiner als 10 %**, nämlich 1 - 0,92012 = 0,07988 ≈ **8 %**.

Zu A76.

Fehler 2. Art:
Wie groß ist die Wahrscheinlichkeit dafür, dass höchstens 36 Rückgaben erfolgen, obwohl die Rückgabewahrscheinlichkeit 40 % beträgt?

$$P_{0,4}^{100}(X \leq 36) = 0,23861 \text{ (aus Tabelle)}$$

Obwohl das Testergebnis ($X \leq 36$) für eine geplante Geschenkaktion spricht, sollte der Händler die Aktion nicht starten, da die **Irrtumswahrscheinlichkeit** mit **23,86 %** recht groß ist.

A77. Abituraufgabe
Ein Psychologe zweifelt an, dass in Deutschland **3 %** Schüler mathematisch hochbegabt sind (siehe auch A69). Mit **2.000** Schülerinnen und Schüler werden längerfristig die mathematischen Leistungen getestet und **46 Schüler** als mathematisch hochbegabt eingestuft.
Kann der Dreiprozentwert bestätigt werden?

H_0: $p = 0,03$
H_1: $p \neq 0,03$

Signifikanzniveau sei $\alpha = 0,05$ (üblicher Wert, wenn keine Vorgabe erfolgt)

Zu A77.

Man lehnt die Nullhypothese bei zu kleinen oder zu großen Trefferzahlen ab:
$\overline{A} = \{0, 1, 2, \dots , r\} \cup \{s, s+1. \dots , 2000\}$

Fehler 1. Art: Die gültige Nullhypothese wird abgelehnt.

$$P^{2000}_{0,03}(X \le r) + P^{2000}_{0,03}(Y \ge s) \le 0,05$$

Beide Ablehnungsbereiche werden als gleich wahrscheinlich betrachtet $\Rightarrow 0,05 : 2 = \mathbf{0,025}$

$$P^{2000}_{0,03}(X \le r) \le \mathbf{0,025}$$
r = 45 (**0,024**882 aus Tabelle)

$$1 - P^{2000}_{0,03}(Y < s) \le \mathbf{0,025}$$
$$P^{2000}_{0,03}(Y \le s-1) \ge 0,975$$
$$s - 1 = 75 \quad (\mathbf{0,975}852 \text{ aus Tabelle})$$
$$\mathbf{s = 76}$$

Die Nullhypothese wird **abgelehnt**, wenn **höchstens 45 oder mehr als 76** Schüler von insgesamt 2000 Schülern den Test bestehen.

Gemäß Aufgabenstellung wurden **46** hochbegabte Schüler gefunden, weshalb der Wert von 3 % als **bestätigt** gelten kann, da die Zahl 46 zwischen den Werten 45 und 76 liegt

A78. In einer Fernsehveranstaltung werden Spiele mit sieben Kandidaten durchgeführt.

a) Da erfahrungsgemäß ein eingeladener Kandidat mit einer Wahrscheinlichkeit von 5 % nicht zur Sendung erscheint, werden insgesamt 9 Personen eingeladen. Mit welcher Wahrscheinlichkeit sind bei der Sendung mindestens 7 Kandidaten anwesend?

Von den 9 Eingeladenen dürfen höchstens 2 mit 5 % Wahrscheinlichkeit fehlen.

$$P(X \leq 2) = \binom{9}{0} \cdot 0{,}05^0 \cdot 0{,}95^9 + \binom{9}{1} \cdot 0{,}05^1 \cdot 0{,}95^8 +$$

$$+ \binom{9}{2} \cdot 0{,}05^2 \cdot 0{,}95^7 \approx$$

$\approx 0{,}63025 + 0{,}29854 + 0{,}06285 \approx 0{,}99164 \approx \mathbf{99{,}2}\,\%$

Mit sehr hoher Wahrscheinlichkeit sind **mindestens sieben** Kandidaten anwesend (und mit einer Wahrscheinlichkeit von höchstens 0,8 % sind zu wenige Kandidaten anwesend).

b) Bei der Begrüßung sitzen die 7 Kandidaten, 4 Frauen und 3 Männer, in einer Reihe.
Wie viele Sitzanordnungen gibt es, wenn hinsichtlich der Personen unterschieden wird und

(1) die beiden Randplätze von Männern besetzt werden sollen.

Es werden zwei der drei, also $\binom{3}{2}$ Männer ausgewählt, die auf 2 Arten die beiden Randplätze besetzen. Die restlichen 5 Personen können auf 5! Arten Platz nehmen:

$$\binom{3}{2} \cdot 2 \cdot 5! = \mathbf{720\ M\ddot{o}glichkeiten}$$

Zu A78.b)

(2) in der Reihe sich Männer und Frauen stets
   abwechseln sollen?

Von allen möglichen Verteilungen ist **nur eine** „bunte
Reihe" möglich, nämlich genau dann, wenn zwei Frauen
am Rand sitzen: **FMFMFMF**. Die Frauen können hier auf
4! und die Männer auf 3! Arten verteilt werden:

4!·3! = **144** Anordnungsmöglichkeiten

Die Spiele werden mit einer „Glückswand" durchgeführt.
Diese besteht aus 20 Feldern, auf die – zunächst unsichtbar
– zufällig fünfmal die Zahl 200, viermal die Zahl 500 und
dreimal die Zahl 1000 verteilt werden. Die übrigen Felder
bleiben leer.

c) Wie viele derartige Verteilungen gibt es?

Aus den 20 Feldern werden fünf 200er, aus den
verbleibenden 15 Feldern vier 500er und aus den
restlichen 11 Feldern drei 1000er gewählt.
Es verbleiben noch acht beliebige Felder:

$$\binom{20}{5} \cdot \binom{15}{4} \cdot \binom{11}{3} \cdot \binom{8}{8} = 15504 \cdot 1365 \cdot 165 \cdot 1 =$$
$$= \mathbf{3.491.888.400} \text{ Möglichkeiten}$$

Andere Art der Berechnung:
Man könnte auch überlegen, alle Felder auf 20! Arten
anzuordnen. Davon sind jedoch 5, 4, 3 und 8 Felder für
200, 500, 1000 und 0 jeweils mit gleichen Werten belegt:

$$\frac{20!}{5! \cdot 4! \cdot 3! \cdot 8!} = \mathbf{3.491.888.400} \text{ Möglichkeiten}$$

Zu A78.

d) In der ersten Spielrunde decken die Kandidaten bei jedem Versuch zwei Felder zugleich auf.
Ein Versuch gilt als erfolgreich, wenn dabei zwei gleiche Zahlen erscheinen (ähnlich „Memory").

(1) Mit welcher Wahrscheinlichkeit verläuft ein Versuch erfolgreich?

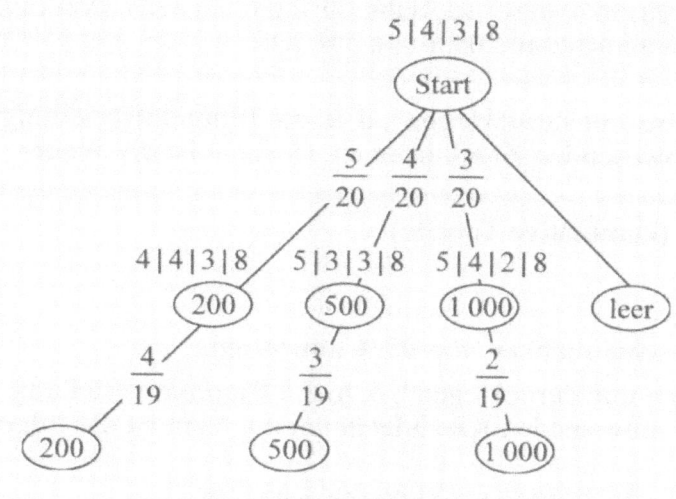

Man muss also z. B. eine 200 **und** eine 200 **oder** 500 **und** 500 **oder** 1000 **und** 1000 ziehen:

$$P(200;200) + P(500;500) + P(1000;1000) =$$
$$= \frac{5}{20} \cdot \frac{4}{19} + \frac{4}{20} \cdot \frac{3}{19} + \frac{3}{20} \cdot \frac{2}{19} = \frac{38}{380} = 0,1$$

Mit **10 % Wahrscheinlichkeit** deckt man zwei gleiche Gewinnfelder hintereinander auf.

Zu A78. d)

(2) Ein Kandidat, der bei **drei** Versuchen nicht
    wenigstens einmal erfolgreich ist, scheidet aus.
    Mit welcher Wahrscheinlichkeit scheiden genau
    5 von den 7 Kandidaten aus?

Gemäß Teil (1) deckt man mit der Wahrscheinlichkeit
von **90 % keine** zwei gleiche Zahlen hintereinander auf.
„Dreimal nicht erfolgreich" heißt demnach:

$$p = 0{,}9^3 = \boxed{\textbf{0,729}}$$
$$P(X = 5) = \binom{7}{5} \cdot 0{,}729^5 \cdot 0{,}271^2 =$$
$$= 0{,}31754 \approx \textbf{31,8}\,\%$$

Mit der Wahrscheinlichkeit von 31,8 % scheiden genau
fünf von sieben Kandidaten bei diesem Spiel aus.

e) In der Endrunde darf ein Kandidat nacheinander
   beliebig viele der 20 Felder aufdecken. Erscheint ein
   Leerfeld, so hat er verloren. Anderenfalls gewinnt er
   die Summe der aufgedeckten Zahlen als Euro-Betrag.

(1) Ein Kandidat hat bereits zwei Zahlenfelder
    aufgedeckt. Mit welcher Wahrscheinlichkeit geht er
    leer aus, wenn er noch ein drittes Feld aufdeckt?

Nachdem bereits zwei Zahlenfelder aufgedeckt wurden,
bleiben noch 18 „mögliche" Felder mit allen acht
Leerfeldern übrig, die für die Frage „günstig" sind.

$$P(\text{Leerfeld}) = \frac{8}{18} = \frac{4}{9} = \textbf{44,}\overline{\textbf{4}}\,\%$$

210

Zu A78. e)

(2) Untersuchen Sie die folgenden Ereignisse auf
    Unabhängigkeit

A: „Das erste aufgedeckte Feld zeigt die Zahl 200."

$$P(A) = \frac{5}{20} = \frac{1}{4}$$

B: „Die ersten beiden aufgedeckten Felder ergeben
       eine Summe größer als 1000."

Mögliche Ereignisse:
B = {200/1000; 1000/200; 500/1000; 1000/500; 1000/1000}

$$P(B) = \frac{5}{20} \cdot \frac{3}{19} + \frac{3}{20} \cdot \frac{5}{19} + \frac{4}{20} \cdot \frac{3}{19} + \frac{3}{20} \cdot \frac{4}{19} + \frac{3}{20} \cdot \frac{2}{19} = \frac{60}{380} =$$
$$= \frac{3}{19}$$

Sind die Ereignisse A und B unabhängig?

Das erste aufgedeckte Fald zeigt 200 **und** die Summe ist
größer als 1000:

$$P(A) \cdot P(B) = \frac{1}{4} \cdot \frac{3}{19}$$
$$A \cap B = \{200/1000\} = \frac{5}{20} \cdot \frac{3}{19}$$
$$P(A \cap B) = \frac{5}{20} \cdot \frac{3}{19} = \frac{1}{4} \cdot \frac{3}{19} = P(A) \cdot P(B)$$

Wegen P(A∩B) = P(A)·P(B) sind die Ereignisse A und B
stochastisch **unabhängig**.

211

Zu A78.

f) Kandidat K behauptet, hellseherische Fähigkeiten zu besitzen und Zahlenfelder mit erhöhter Wahrscheinlichkeit zu erkennen. In einem Test muss er **200-mal** versuchen, ein **Tausenderfeld** zu finden. Nach jedem Versuch werden die Zahlen neu verteilt. Dem Kandidaten sollen mit einer Wahrscheinlichkeit von **höchstens 10 %** irrtümlich hellseherische Fähigkeiten zugebilligt werden.
Ermitteln Sie die Entscheidungsregel.

Die Wahrscheinlichkeit für das Aufdecken eines Tausenderfeldes ist p = $\frac{3}{20}$ = 0,15.
Bei hellseherischen Fähigkeiten muss daher die Wahrscheinlichkeit **größer als 0, 15** sein.

Mit p ≤ 0,15 werden ihm genau dann irrtümlich hellseherische Fähigkeiten zugesprochen, wenn er genügend viele Tausenderfelder aufdeckt.

Die **Hypothese** H: p ≤ 0,15 (keine hellseherische Fähigkeiten) wird abgelehnt, wenn
$\overline{A}$ = {k+1; k+2; ...; 200}

Es läge ein Fehler 1. Art vor, wenn die Hypothese abgelehnt wird, obwohl sie zutrifft.
Die Wahrscheinlichkeit dafür soll höchstens 10 % betragen.

Zu A78. f)

X soll die Anzahl der aufgedeckten Tausenderfelder sein.

$$P_{0,15}^{200}(X \geq k+1) \leq 0,1$$

$$1 - P_{0,15}^{200}(X \leq k) \leq 0,1$$

$$P_{0,15}^{200}(X \leq k) \geq 0,9$$

$$P_{0,15}^{200}(X \leq 36) = 0,89872 < 0,9 \quad \text{(mit kumulativer Tabelle)}$$

$$P_{0,15}^{200}(X \leq 37) = 0,92802 > 0,9$$

Ablehnungsbereich: $\overline{A} = \{37; 38; \ldots; 200\}$

Wenn der Kandidat bei 200 Versuchen **mehr als 36 Tausenderfelder** aufdeckt, können ihm mit höchstens 10 % Irrtumswahrscheinlichkeit hellseherische Fähigkeiten zugeschrieben werden.

A79. In einem Kaufhaus sollen aufgrund verlängerter Öffnungszeiten zwölf neue Mitarbeiter eingestellt werden.

a) In Abteilung A sind fünf Stellen zu besetzen, in Abteilung B sieben Stellen. Für Abteilung A bewerben sich acht und für Abteilung B zehn Personen.
Wie viele Möglichkeiten gibt es, die offenen Stellen zu besetzen, wenn die **Stellen innerhalb jeder Abteilung**

(1) **nicht unterschieden** werden.

Es können 5 Personen aus 8 Bewerbern **und** 7 Personen aus 10 Bewerbern die Stellen besetzen:

$$\binom{8}{5} \cdot \binom{10}{7} = 56 \cdot 120 = \mathbf{6.720} \text{ Möglichkeiten}$$

(2) als **verschieden** angesehen werden?

Hier können die angenommenen Bewerber noch innerhalb der Abteilungen A und B für die fünf bzw. sieben Stellen auf 5! bzw. 7! Arten verteilt werden:

$$\binom{8}{5} \cdot 5! \cdot \binom{10}{7} \cdot 7! = \mathbf{4.064.258.000} \text{ Möglichkeiten}$$

Zu A79.

b) Bei der Begrüßung sitzen die 12 neuen Mitarbeiter,
   8 Frauen und 4 Männer in zwei Reihen zu je 6 Stühlen.
   Wie viele Sitzanordnungen gibt es, wenn nur nach
   Frauen und Männern unterschieden wird und

(1) in jeder Reihe zwei Männer sitzen,

1. Reihe: MMFFFF MFMFFF MFFMFF …
   $\frac{6!}{2! \cdot 4!} = 15$ Möglichkeiten

2. Reihe: MMFFFF MFMFFF MFFMFF …
   $\frac{6!}{2! \cdot 4!} = 15$ Möglichkeiten

Da die jeweils sechs Personen auf die beiden Reihen
verteilt werden, ergeben sich $15 \cdot 15 =$ **225 Möglichkeiten**

(2) die 4 Männer nebeneinander sitzen?

Die vier Männer können entweder in der 1. **oder** 2. Reihe
sitzen:
MMMMFF, FMMMMF, FFMMMM: 3 Möglichkeiten.

Diese Verteilung gibt es entweder in der ersten **oder**
zweiten Reihe:

$3 + 3 =$ **6 Möglichkeiten**

Zu A79.

c) Die Wahrscheinlichkeit, dass Mitarbeiter in Kaufhäusern bereit sind, auch abends zu arbeiten, sei p.

(1) Wie groß ist im Fall **p = 0,8** die Wahrscheinlichkeit dafür, dass von den 12 neuen Mitarbeitern **mindestens 10 bereit** sind, auch abends zu arbeiten?

$$P_{0,8}^{12}(X \geq 10) = \binom{12}{10} 0,8^{10} \cdot 0,2^2 +$$

$$+ \binom{12}{11} 0,8^{11} \cdot 0,2^1 + \binom{12}{12} 0,8^{12} \cdot 0,2^0 =$$

$$= 0,28347 + 0,20616 + 0,06872 = 0,55835 \approx \mathbf{55,8\ \%}$$

(2) Wie groß müsste p mindestens sein, damit mit einer Wahrscheinlichkeit von mindestens 50 % **alle 12 Mitarbeiter** bereit sind, auch abends zu arbeiten?

$$P_p^{12}(X = 12) = \binom{12}{12} p^{12} \cdot (1 - p)^0 = p^{12}$$

$$P_p^{12}(X = 12) \geq 0,5$$

$$p^{12} \geq 0,5$$

$$p \geq \sqrt[12]{0,5}$$

$$p \geq 0,94387 \approx \mathbf{94,4\ \%}$$

Damit alle zwölf Mitarbeiter mit mindestens 50 % Sicherheit bereit wären auch abends zu arbeiten, müsste dafür eine allgemeine Wahrscheinlichkeit von mindestens 94,4 %, statt der in der Aufgabenstellung genannten 80 % vorliegen.

Zu A79.

d) 45 % aller Kunden des Kaufhauses sind männlich.
   50 % aller Kunden kaufen auch abends ein.
   25 % aller Kunden sind weiblich **und** kaufen abends
   nicht ein. Untersuchen Sie die folgenden Ereignisse
   auf Unabhängigkeit:

Drei Vorgaben:
M: „Ein zufällig ausgewählter Kunde ist männlich."
$P(M) = 0{,}45$
A: „Ein zufällig ausgewählter Kunde kauft auch abends ein."
$P(A) = 0{,}5$
$P(\overline{M} \cap \overline{A}) = 0{,}25$
„**weiblich** (nicht männlich) **und** abends **kein** Einkauf"

Bei **Unabhängigkeit** ist zu zeigen:
$$\boxed{P(M \cap A) = P(M) \cdot P(A)}$$

Es gilt die Regel:
$P(M \cup A) = P(M) + P(A) - P(M \cap A)$
$P(M \cap A) = P(M) + P(A) - P(M \cup A)$ Gleichungsumstellung
$P(M \cap A) = P(M) + P(A) - (1 - P(\overline{M \cup A}))$ mit Gegenereignis

Regel von **de Morgan**: $P(\overline{M \cup A}) = P(\overline{M} \cap \overline{A})$

$P(M \cap A) = P(M) + P(A) - (1 - P(\overline{M} \cap \overline{A})) =$
$\qquad\qquad = 0{,}45 + 0{,}50 - (1 - 0{,}25) \quad = \mathbf{0{,}2}$

$P(M) \cdot P(A) = 0{,}45 \cdot 0{,}5 = \mathbf{0{,}225} \neq \mathbf{0{,}2} = P(M \cap A)$

Die Ereignisse M und A sind stochastisch **abhängig**, also
nicht unabhängig.

Zu A79.

e) Die Kaufhausleitung will die verlängerten Öffnungszeiten nur beibehalten, wenn diese von wenigstens 40 % der Kunden gewünscht werden. Dazu werden 200 zufällig ausgewählte Kunden befragt. Die Wahrscheinlichkeit dafür, irrtümlich von den verlängerten Öffnungszeiten abzugehen, soll höchstens 5 % betragen.

(1) Ermitteln Sie die zugehörige Entscheidungsregel.

Hypothese H_0: $p \geq 0,4$
Ablehnungsbereich $\overline{A} = \{0,1,2,\ldots,k\}$

Irrtümliche Ablehnung höchstens 5 %:
$$P^{200}_{0,4}(X \leq k) \leq 0,05$$

$$P^{200}_{0,4}(X \leq \mathbf{68}) = \mathbf{0,04}748 \leq 0,05 \text{ (aus kumulativer Tabelle)}$$

$$(P^{200}_{0,4}(X \leq 69) = \mathbf{0,06}390 > 0,05 \text{ (aus kumulativer Tabelle)})$$

Ablehnungsbereich $\overline{A} = \{0,1,2,\ldots,68\}$

Wenn weniger als 69 der befragten Kunden die verlängerten Öffnungszeiten nicht beibehalten wollen, so nimmt man zu **höchstens 5 % irrtümlich** an, dass man von den verlängerten Öffnungszeiten wieder abrücken sollte, obwohl mindestens 40 % die neuen Öffnungszeiten gut finden.

Zu A79. e)

(2) Wie groß ist bei der Entscheidungsregel aus der Teilaufgabe e(1) die Wahrscheinlichkeit dafür, die verlängerten Öffnungszeiten beizubehalten, obwohl diese nur von 30 % der Kunden gewünscht werden?

$$P_{0,3}^{200}(X \geq 69) = 1 - P_{0,3}^{200}(X \leq 68) = 1 - 0,90405 =$$
$$= 0,09595 \approx \mathbf{9,6\ \%}$$

mit CAS-Rechner **binomCdf(200,0.3,0,68) = 0,90405** oder Tabelle.

Mit 9,6 % Wahrscheinlichkeit werden die verlängerten Öffnungszeiten beibehalten, obwohl nur 30 % der Kunden dafür sind,

A80. Eine Schokoladenfabrik stellt Schokoriegel und Pralinen her. Um den Verkauf der Riegel zu fördern, wird einem Teil entsprechend dem Werbespruch „*In jedem siebten Riegel liegt ein Zauberspiegel*" ein Werbegeschenk beigelegt. Marion kauft **14 Riegel** und öffnet sie nacheinander.

a) Wie groß ist die Wahrscheinlichkeit dafür, dass sie

(1) in den letzten beiden Riegeln je einen Spiegel findet?

Es ist hier uninteressant, was sich in den ersten zwölf Riegeln befindet. Es interessiert **nur** der Inhalt der letzten beiden Riegel: $P(1/1) = \frac{1}{7} \cdot \frac{1}{7} = \frac{1}{49} \approx \mathbf{2,04}$ %

(2) **nur** in den beiden letzten Riegeln je einen Spiegel findet?

Die ersten 12 Riegel enthalten keinen Spiegel, die letzten beiden enthalten einen: NNNNNNNNNNNNSS

$\left(\frac{6}{7}\right)^{12} \cdot \left(\frac{1}{7}\right)^2 \approx \mathbf{0,32}$ %

(3) insgesamt zwei Spiegel findet?

Zwölf Riegel enthalten keinen Spiegel, zwei je einen: $\left(\frac{6}{7}\right)^{12} \cdot \left(\frac{1}{7}\right)^2$ Die beiden Riegel mit Spiegel können noch wie folgt verteilt werden: SSNNNNNNNNNNNN, SNSNNNNNNNNNNN, SNNSNNNNNNNNNN usw.: Es gibt also noch $\frac{14!}{12! \cdot 2!}$ Möglichkeiten $\Rightarrow$

$\frac{14!}{12! \cdot 2!} \cdot \left(\frac{6}{7}\right)^{12} \cdot \left(\frac{1}{7}\right)^2 = \binom{14}{2} \cdot \left(\frac{6}{7}\right)^{12} \cdot \left(\frac{1}{7}\right)^2 \approx \mathbf{29,21}$ %

Zu A80.

b) Ein Vater kauft für seine beiden Kinder Schokoriegel. Er erwirbt die doppelte Anzahl Riegel, die er wenigstens bräuchte, um mit mehr als 90 % Wahrscheinlichkeit mindestens einen Spiegel zu erhalten. Mit welcher Wahrscheinlichkeit erhält er dann für jedes Kind mindestens einen Zauberspiegel?

„kein Spiegel": $p = \frac{6}{7}$

P(mindestens ein Spiegel) = 1 − P(kein Spiegel)

$1 - \left(\frac{6}{7}\right)^n \geq 0,9$ Umstellung der Ungleichung

$\left(\frac{6}{7}\right)^n \leq 0,1$ |logarithmieren

$n \cdot \lg\left(\frac{6}{7}\right) \leq \lg(0,1)$ |Division durch negativen Wert: $\leq \rightarrow \geq$

$\qquad\qquad n \geq 14,94$

Der Vater müsste mindestens **15 Riegel** kaufen, um mit mehr als 90 % Sicherheit mindestens einen Spiegel zu erhalten.

Für seine **zwei Kinder** kauft der Vater daher **30 Riegel**, damit jedes Kind mindestens einen Spiegel bekommt.

Wie groß ist die Wahrscheinlichkeit, dass beim Kauf von 30 Riegeln jedes Kind mindestens einen Spiegel findet?

Es müssten also mindestens zwei Spiegel dabei sein.

$P_{\frac{1}{7}}^{30} (X \geq 2) = 1 - P_{\frac{1}{7}}^{30} (X \leq 1) =$

$= 1 - \left(\binom{30}{0} \left(\frac{1}{7}\right)^0 \cdot \left(\frac{6}{7}\right)^{30} + \binom{30}{1} \left(\frac{1}{7}\right)^1 \cdot \left(\frac{6}{7}\right)^{29} \right) =$

$= 1 - 0,00981 - 0,04904 \approx$ **94,1 %**

221

Zu A80.

c) Eine Umfrage ergibt, dass im Mittel 7 von 10 Befragten den Schokoriegel und 2 von 3 Befragten die Pralinen der Firma kennen. 90 % der Befragten kennen wenigstens eines der beiden Produkte. Untersuchen Sie, ob für die Bekanntheit der Produkte stochastische Unabhängigkeit zutrifft.

$$P(R_{iegel}) = \frac{7}{10} \; ; \; P(P_{ralinen}) = \frac{2}{3} \; ; \; P(R \cup P) = \frac{9}{10}$$

$$P(R \cup P) = P(R) + P(P) - P(R \cap P)$$

$$P(R \cap P) = P(R) + P(P) - P(R \cup P) = \frac{7}{10} + \frac{2}{3} - \frac{9}{10} = \mathbf{\frac{7}{15}}$$

$$P(R) \cdot P(P) = \frac{7}{10} \cdot \frac{2}{3} = \mathbf{\frac{7}{15}}$$

Mit $P(R \cap P) = P(R) \cdot P(P) = \frac{7}{15}$ gilt stochastische **Unabhängigkeit** der Bekanntheit.

d) Zur Steigerung des Bekanntheitsgrads beauftragt die Firma eine Agentur mit einer Werbekampagne. Es wird vereinbart, dass die Agentur eine besondere Prämie bekommen soll, wenn nach der Kampagne mindestens 95 % der Bevölkerung den Markennamen kennen. Es wird eine Umfrage unter 200 zufällig ausgewählten Personen durchgeführt. Bestimmen Sie die für die Firma günstigste Vereinbarung mit der Agentur, bei der die Prämie mit einer Wahrscheinlichkeit von mehr als 80 % ausgezahlt wird, falls ein Bekanntheitsgrad von 95 % erreicht würde.

X: „Anzahl der Personen, die den Markennamen kennen"
Hypothese H_0:   **$p_0 = 0{,}95$**
Ablehnungsbereich $\overline{A} = \{0, 1, 2, \ldots , k\}$

Zu A80. d)

Damit die Prämie mit einer Wahrscheinlichkeit von mehr als 80 % ausgezahlt wird, darf die Wahrscheinlichkeit für ein Ergebnis aus $\overline{A}$ **höchstens 20 %** betragen.

$P_{0,95}^{200}(X \leq k) \leq 0,2 \Rightarrow$

$P_{0,95}^{200}(X \leq \mathbf{186}) = \mathbf{0,12}989 < 20\ \%$ (kumulative Tabelle)

$(P_{0,95}^{200}(X \leq 187) = \mathbf{0,203}52 > 20\ \%)$

Die Schokofirma wird mit der Agentur vereinbaren, dass mindestens 186 der befragten 200 Personen den Markennamen kennen müssen, damit die Prämie ausbezahlt wird.

e) Zum Jahreswechsel hat die Firmenchefin (eine Hobby-Mathematikerin) unter ihren Mitarbeitenden ein Preisrätsel veranstaltet.
Die Mitarbeitenden sollen zwei Fragen beantworten:

(1) Auf wie viele Arten kann man die Primfaktoren in der Primfaktordarstellung der Zahl 4200 anordnen?

$4200 = 2 \cdot 2100 = 2 \cdot 2 \cdot 1050 = 2 \cdot 2 \cdot 2 \cdot 525 = 2 \cdot 2 \cdot 2 \cdot 5 \cdot 105 =$
$= 2 \cdot 2 \cdot 2 \cdot 5 \cdot 5 \cdot 21 = \mathbf{2 \cdot 2 \cdot 2 \cdot 5 \cdot 5 \cdot 3 \cdot 7}$

Diese **sieben Primfaktoren** lassen sich auf 7! Arten anordnen, wobei durch die Permutationen der gleichen Primzahlen dividiert werden muss:

$\dfrac{7!}{3! \cdot 2!} = 420$ Möglichkeiten

Zu A80. e)

(2) Wie viele verschiedene Teiler hat die Zahl 4200?

Eine Primfaktorenzerlegung kann über fortgesetzte Division durch Primzahlen bestimmt werden:

Die Bestimmung der Anzahl aller Teiler einer großen Zahl ist jedoch **nicht einfach**.

Mit der Primfaktorzerlegung $\boxed{2^n \cdot 3^m \cdot 5^q \cdot ...}$ lässt sich die Anzahl der Teiler mit der Formel
$\boxed{|T| = (n+1) \cdot (m+1) \cdot (q+1) \cdot ...}$ errechnen.

In der Aufgabe e(1) ergibt sich die Primfaktorenzerlegung:
$4200 = 2 \cdot 2 \cdot 2 \cdot 3 \cdot 5 \cdot 5 \cdot 7 = 2^3 \cdot 3^1 \cdot 5^2 \cdot 7^1$

Daher errechnet sich die Anzahl der Teiler wie folgt:
$|T| = (3+1) \cdot (1+1) \cdot (2+1) \cdot (1+1) = $ **48 Teiler**

In schulüblichen Tafelwerken ist die oben angegebene Formel **nicht** zu finden.
Man müsste daher dieTeiler mühselig zusammenstellen:

T = {1; 2; 3; 4; 5; 6; 7; 8; 10; 12; 14; 15; 20; 21; 24; 25; 28; 30; 35; 40; 42; 50; 56; 60; 70; 75; 84; 100; 105; 120; 140; 150; 168; 175; 200; 210; 280; 300; 350; 420; 525; 600; 700; 840; 1050; 1400; 2100; 4200}

A81. Ein Konzern stellt Mikrochips her. Jeder produzierte Chip ist mit einer Wahrscheinlichkeit von **15 %** fehlerhaft.

a) Mit welcher Wahrscheinlichkeit sind von 100 Chips **genau 15** fehlerhaft?

Wegen zweier Bedingungen, nämlich fehlerhaft oder nicht fehlerhaft, ist die Bernoulli-Formel anzuwenden:

$$P_{0,15}^{100}(X = 15) = \binom{100}{15} \cdot 0,15^{15} \cdot 0,85^{85} \approx 0,11109 \approx$$

$$\approx \textbf{11,1 \%}$$

b) Bestimmen Sie das kleinstmögliche Intervall mit dem Mittelpunkt 15, in dem bei insgesamt 100 Chips die Anzahl der fehlerhaften Chips mit einer Wahrscheinlichkeit von mindestens 85 % liegt.

Da 15 der Mittelpunkt sein soll, liegen die fehlerhaften Chips im Intervall I = [15 − k; 15 + k]

Für $\boxed{k = 4}$ ergibt sich das Intervall I = [11;19].

$$P_{0,15}^{100}(X \le 19) - P_{0,15}^{100}(X \le 10) =$$

$$= 0,89346 - 0,09945 = \textbf{0,79}401 < \textbf{85 \%}$$

Für $\boxed{k = 5}$ gilt: I = [10;20]

$$P_{0,15}^{100}(X \le 20) - P_{0,15}^{100}(X \le 9) = 0,93368 - 0,05509 =$$

$$= \textbf{0,87}859 > \textbf{85 \%}$$

Mit einer Wahrscheinlichkeit von mindestens 85 % liegt die Anzahl fehlerhafter Chips **zwischen 10 und 20 Stück**, wenn 100 Chips kontrolliert wurden.

Zu A81.

c) Wie viele Chips müssen im Laufe der Produktion
   mindestens entnommen werden, damit mit einer
   Wahrscheinlichkeit von mehr als 99 % wenigstens ein
   fehlerhafter Chip dabei ist?

Es gilt:
P(mindestens ein defekter Chip) = 1 – P(kein defekter Chip)

P(kein defekter Chip) =
$$= P_{0,15}^{n}(X = 0) = \binom{n}{0} \cdot 0{,}15^0 \cdot 0{,}85^n = 0{,}85^n$$
P(mindestens ein defekter Chip) = **$1 - 0{,}85^n$**

$1 - 0{,}85^n > 0{,}99$

$\quad 0{,}85^n < 0{,}01$ (logarithmieren)

$n \cdot \lg 0{,}85 < \lg 0{,}01$ (Division durch negativn Wert)

$\qquad n > 28{,}3$

Es müssen demnach mindestens **29 Chips** entnommen
werden, um mit 99 % Sicherheit wenigstens einen
fehlerhaften Chip dabei zu haben.

d) Zur Aussonderung fehlerhafter Chips (15 %) wird ein
   Prüfgerät eingesetzt, von dem bekannt ist:
   *„Unter allen geprüften Chips beträgt der Anteil der
   Chips, die **einwandfrei** sind **und** dennoch
   ausgesondert werden 3 %.“*
   Bestimmen Sie die Wahrscheinlichkeit dafür, dass ein
   Chip fehlerhaft ist und ausgesondert wird.
   Welcher Anteil der fehlerhaften Chips wird demnach
   ausgesondert.

Zu A81. d)

Zusätzlich werden $0,03$ · 85 % = 2,55 % einwandfreie Chips ausgesondert. Insgesamt werden demnach 15 % + 2,55 % = 17,55 % aussortiert.
Das heißt, 85 % - 2,55 % = **82,45 %** **aller** Chips werden **nicht** ausgesondert.

Ereignisse:
F: „Chip ist fehlerhaft": $\quad$ P(F) = **0,15**
A: „Chip wird aussortiert": P(A) = **0,1755**
$\qquad\qquad\qquad\qquad$ P($\overline{A}$) = 1- 0,1755 = **0,8245**
$\overline{F} \cap A$ bedeutet „kein Fehler und dennoch aussortiert": 3 %
$\Rightarrow$ P($\overline{F} \cap A$) = **0,03**

Gesucht ist „fehlerhaft und aussortiert": **P(F∩A)**

Verwendung der **Vierfeldertafel** (s. Kapitel 8 ab S. 23):

	A	$\overline{A}$	
F	0,1455	0,0045	**0,15**
$\overline{F}$	**0,03**	0,82	0,85
	0,1755	**0,8245**	**1**

$1 - \mathbf{0,8245} = \mathbf{0,1755}$
$0,1755 - \mathbf{0,03} = 0.1455$
$\mathbf{0,15} - 0,1455 = 0,0045$
$0,85 - \mathbf{0,03} = 0,82$

Aus der Tafel ergibt sich **P(F∩A)** = **0,1455** und damit errechnet sich der Anteil der ausgesonderten fehlerhaften Chips zu $\frac{0,1455}{0,15} = 0,97$.
Wahrscheinlichkeit der ausgesonderten fehlerhaften Chips

P(F∩A) $\triangleq$ **97** %.

Zu A81.

e) Der Konzern beauftragt ein Expertenteam mit Maßnahmen zur Qualitätsverbesserung. Falls der Anteil der fehlerhaften Chips deutlich gesenkt werden kann, wird dem Team eine Prämie gezahlt. Nach Abschluss der Verbesserungsmaßnahmen wird der Produktion eine Stichprobe von 200 Chips entnommen. Befinden sich darunter höchstens 22 fehlerhafte, wird die Prämie gewährt.

(1) Mit welcher Wahrscheinlichkeit erhält das Team die Prämie, obwohl keine Qualitätsverbesserung eingetreten ist?

Wenn keine Qualitätsverbesserung eingetreten ist, ist die Ausschusswahrscheinlichkeit weiterhin 15 %.
Die Wahrscheinlichkeit, dass man höchstens 22 fehlerhafte Teile erhält ist:

$$P_{0,15}^{200}(X \leq 22) = 0,6450 \triangleq \mathbf{6,45}\,\%$$

Mit der Wahrscheinlichkeit von **6,45 %** erhalten die Experten die Prämie, obwohl sich die Qualität nicht verbessert hat, da höchstens 22 fehlerhafte Chips unter den 200 gezogenen Teilen waren.

(2) Mit welcher Wahrscheinlichkeit wird dem Team die Prämie verweigert, obwohl der Anteil der fehlerhaften Chips auf 10 % gesunken ist?

$$P_{0,10}^{200}(X > 22) = 1 - P_{0,10}^{200}(X \leq 22) = 1 - 0,72897 =$$
$$= 0,27103 \triangleq \mathbf{27,1}\,\%$$

Mit der Wahrscheinlichkeit von **27,1 %** erhalten die Experten die Prämie nicht, obwohl der Anteil der fehlerhaften Chips auf 10 % gesunken ist.

Zu A81.

	Frauen	Männer
Deutsche	3	2
Engländer	2	1
Franzosen	1	3

Die Tabelle gibt Auskunft über die Zusammensetzung des Expertenteams.

Nach Abschluss ihrer Arbeiten treffen sich die zwölf Mitglieder des Teams zu einem Abschiedsabend.

f) In einem Lokal sind ein Vierertisch und ein Achtertisch reserviert.
Wie viele Möglichkeiten gibt es, die Tische zu besetzen, wenn es auf die Sitzordnung an den einzelnen Tischen nicht ankommt und wenn **an jedem Tisch**

(1) **gleich viele** Männer und Frauen sitzen sollen?

Für den **Vierertisch** müssen 2 der 6 Männer **und** 2 der 6 Frauen ausgewählt werden:

$\binom{6}{2} \cdot \binom{6}{2} = 15 \cdot 15 = 225$ Möglichkeiten der Verteilung

Am **Achtertisch** können dann noch 4 der 6 Männer und 4 der 6 Frauen sitzen:

$\binom{6}{4} \cdot \binom{6}{4} = 15 \cdot 15 = 225$ Möglichkeiten der Verteilung

Zu A81.f)

(2) Verteilungsmöglichkeiten, wenn an **jedem** Tisch **mindestens zwei deutsche** Mitglieder sitzen sollen?

Von den fünf deutschen Teilnehmer können an einem Tisch zwei **oder** drei Deutsche, am anderen Tisch müssen die anderen zwei oder drei Deutschen sitzen.
Die restlichen Personen müssen aus den sieben Nichtdeutschen ausgewählt werden.

Vierertisch:
$$\binom{5}{2} \cdot \binom{7}{2} + \binom{5}{3} \cdot \binom{7}{1} = 10 \cdot 21 + 10 \cdot 7 = 280$$

Achtertisch:
$$\binom{5}{2} \cdot \binom{7}{6} + \binom{5}{3} \cdot \binom{7}{5} = 10 \cdot 7 + 10 \cdot 21 = 280$$

g) Zu vorgerückter Stunde wird getanzt.
Die Tanzpaarungen werden auf folgende Weise ausgelost: In einem Hut befinden sich sechs gefaltete Zettel mit den Namen der Damen. Die Herren ziehen nacheinander zufällig je einen Zettel. Berechnen Sie die Wahrscheinlichkeit dafür, dass sich unter den sechs Tanzpaaren **genau zwei deutsche Paare** befinden.

Die Wahrscheinlichkeit, dass der erste deutsche Mann eine Partnerin aus den drei deutschen Frauen zugelost bekommt, beträgt $\frac{3}{6} = \frac{1}{2}$, für den zweiten deutschen Tänzer bleiben dann nur noch 2 von 5 Frauen: $\frac{2}{5}$.
Die Wahrscheinlichkeit, dass **zwei deutsche Paare** gebildet werden, beträgt: $\frac{1}{2} \cdot \frac{2}{5} = \frac{1}{5} \triangleq \mathbf{20\ \%}$

A82.

Bei einem Fußball-Turnier stehen die Mannschaften A
und B im Endspiel. Vom Trainer der Mannschaft A
werden vier der sieben verfügbaren Abwehrspieler, vier
der fünf Mittelfeldspieler, zwei der sechs Angriffsspieler
und einer der drei Torhüter ausgewählt.

a) Wie viele Möglichkeiten hat der Trainer, seine
   Mannschaft zusammenzustellen?

$$\binom{7}{4} \cdot \binom{5}{4} \cdot \binom{6}{2} \cdot \binom{3}{1} = 35 \cdot 5 \cdot 15 \cdot 3 = \mathbf{7.875} \text{ Möglk.}$$

b) Vor dem Spiel sollen sich die elf ausgewählten Spieler
   für ein Gruppenfoto so in eine Reihe stellen, dass die
   Abwehr-, die Mittelfeld- und die Angriffsspieler
   jeweils nebeneinander stehen und der Torwart am
   Rand steht. Wie viele Möglichkeiten gibt es hierfür?

Für den Torwart gibt es nur zwei Möglichkeiten, die drei
Blöcke Abwehr-, Mittelfeld- und Angriffsspieler können
auf 3! Arten angeordnet werden und innerhalb der
Blöcke gibt es zweimal 4! und einmal 2! Aufstellungs-
möglichkeiten.

$2 \cdot 3! \cdot 4! \cdot 4! \cdot 2! = \mathbf{13.824}$ Möglichkeiten

c) Für den Torhüter beträgt die Wahrscheinlichkeit 2 %,
   dass er während des Spiels verletzt wird und
   ausgewechselt werden muss, für jeden der zehn
   Feldspieler liegt der entsprechende Wert bei 5 %.
   Mit welcher Wahrscheinlichkeit wird im Laufe des
   Spiels keiner der 11 Aktiven einer Mannschaft wegen
   Verletzung ausgewechselt?

Zu A 82. c)

Der Torwart wird mit einer Wahrscheinlichkeit von
$1 - 0,02 = 0,98$ **nicht** ausgewechselt, die Feldspieler
werden mit der Wahrscheinlichkeit $1 - 0,05 = 0,95$ nicht
verletzt.

$0,98 \cdot 0,95^{10} \approx 0,5868 = 58,68\ \%$

Mit einer Wahrscheinlichkeit von ungefähr **58,7 %** wird
kein Spieler verletzt.

Da das Spiel nach Ablauf der regulären Spielzeit
unentschieden steht, folgt ein Elfmeterschießen.
Im Folgenden kann vereinfachend davon ausgegangen
werden, dass jeder Spieler von A mit einer
Wahrscheinlichkeit von 75 % einen Elfmeter verwandelt,
während jeder Spieler von B eine Trefferquote von 70 %
hat.

d) Wie viele Elfmeter muss Mannschaft A mindestens
   schießen, damit sie mit einer Wahrscheinlichkeit von
   mehr als 99,9 % mindestens einen Treffer erzielt?

P(kein Treffer von Mannschaft A) = 0,25
P(mindestens ein Treffer) = 1 − P(kein Treffer)

$$1 - 0,25^n > 0,999 \quad |\text{Umstellung der Ungleichung}$$
$$0,25^n < 0,001 \quad |\text{logarithmieren}$$
$$n \cdot \lg 0,25 < \lg 0,001 \quad |\text{Division durch negativen Wert}$$
$$n > 4,98$$

Die Mannschaft A muss **mindestens fünfmal** schießen,
damit sie mit 99,9 prozentiger Sicherheit einen Elfmeter
erzielt.

Zu A82.

Als Alternative zum üblichen Elfmeterschießen, werden die beiden folgenden Verfahren vorgeschlagen.

e) Beide Mannschaften schießen je **dreimal**.
   Bestimmen Sie die Wahrscheinlichkeit dafür, dass dieses Elfmeterduell unentschieden endet.

Das Elfmeterschießen endet Unentschieden, wenn beide Mannschaften jeweils 0, 1, 2 oder 3 Treffer erzielen.

$$P_{0,75}^{3}(X = 0) \cdot P_{0,70}^{3}(X = 0) + P_{0,75}^{3}(X = 1) \cdot$$
$$\cdot P_{0,70}^{3}(X = 1) + P_{0,75}^{3}(X = 2) \cdot P_{0,70}^{3}(X = 2) +$$
$$+ P_{0,75}^{3}(X = 3) \cdot P_{0,70}^{3}(X = 3) = 0,01563 \cdot 0,027 +$$
$$+ 0,14063 \cdot 0,189 + 0,42188 \cdot 0,441 + 0,42188 \cdot 0,343 \approx$$
$$\approx \mathbf{35,78\,\%}$$

Mit fast 36 % Wahrscheinlichkeit endet diese Art Elfmeterschießen unentschieden.

f) Die Schützen der beiden Mannschaften treten paarweise gegeneinander an. Ein Spieler von A und einer von B schießen je einmal, liegt danach eine Mannschaft in Führung, endet das Spiel sofort, anderenfalls wird das Verfahren mit dem nächsten Spielerpaar wiederholt.
   Mit welcher Wahrscheinlichkeit würde bei diesem Vorgehen nach drei angetretenen Paaren immer noch kein Sieger feststehen?

Zu A82. f)

Nach den Elfmetern **zweier Spieler** ist das Elfmeterschießen **nicht beendet**, wenn beide Spieler treffen **oder** beide nicht treffen:
$075 \cdot 070 + 0{,}25 \cdot 0{,}30 = 0{,}6 \mathrel{\hat{=}} 60\,\%$

Nach dem Schießen **dreier Paare** ist das Spiel nicht beendet, wenn kein Sieger feststeht:
P(kein Sieger) $= 0{,}6^3 = 0{,}216 \mathrel{\hat{=}} \mathbf{21{,}6\,\%}$

g) Der Torhüter der Mannschaft A behauptet, dass er einen Elfmeter mit einer Wahrscheinlichkeit von mehr als 75 % verwandelt.

(1) Die Behauptung wird akzeptiert, wenn der Torwart von 30 Elfmetern mindestens 24 verwandelt.
75 % von 30 Schüssen wären 22,5 Treffer.
Mit welcher Wahrscheinlichkeit wird die Trefferquote des Torhüters irrtümlich für höher als 75 % vermutet?

Hypothese H_1: p > 0,75 wird mit dem Annahmebereich A = {24, 25, …, 30} akzeptiert.
Wenn jedoch die Gegenhypothese H_0: p ≤ 75 % zutrifft und ein Ergebnis aus A eintritt, wird man sich für H_1 entscheiden und damit einen **Fehler 2. Art** begehen:

$$P_{0{,}75}^{30}(X \geq 24) = 1 - P_{0{,}75}^{30}(X \leq 23) = 1 - 0{,}65195 =$$
$$= 0{,}34805 \approx \mathbf{34{,}8\,\%}$$

Mit fast 35 % Wahrscheinlichkeit wird die Behauptung des Torhüters akzeptiert, obwohl er keine Trefferquote von über 75 % hat.

Zu A82. g)

(2) Die Nullhypothese H_0: $p \leq 75\,\%$ soll auf dem Signifikanzniveau von 5 % bei einem Stichprobenumfang von 30 Elfmetern getestet werden.
Bestimmen Sie die zugehörige Entscheidungsregel.

Es wird die Nullhypothese abgelehnt, wenn „zu viele" Treffer fallen: $\overline{A} = \{k+1, k+2, \ldots, 30\}$

$$P_{0,75}^{30}(X \geq k + 1) = 1 - P_{0,75}^{30}(X \leq k) \leq 0,05$$

$$P_{0,75}^{30}(X \leq k) \geq 0,95$$

$$P_{0,75}^{30}(X \leq 25) = \mathbf{0,90}213 < 0,95 \quad \text{(Tabelle)}$$

$$P_{0,75}^{30}(X \leq \mathbf{26}) = \mathbf{0,96255} > \mathbf{0,95}$$

H_0 wird **abgelehnt**, wenn mehr als 26 von 30 Treffer, also **mindestens 27 Treffer** auftreten.

(3) Geben Sie an, wie sich die in Teilaufgabe (1) ermittelte Irrtumswahrscheinlichkeit tendenziell ändern würde, wenn man den Stichprobenumfang von 30 auf 60 erhöhen und die Mindesttrefferzahl entsprechend von 24 auf 48 verdoppeln würde.

$$P_{0,75}^{60}(X \geq 48) = 1 - P_{0,75}^{60}(X \leq 47) = 1 - 0,76844 =$$
$$= 0,23156 \approx \mathbf{23,2}\,\%$$

Die Irrtumswahrscheinlichkeit wird kleiner als 34,8 % (A82g(1)), da mit größerer Stichprobenlänge n die Testgenauigkeit zunimmt (Gesetz der großen Zahlen).

A83. Zu einer Ratesendung wurden zwei Damen und vier Herren eingeladen.

a) Die Stühle, auf denen die Kandidaten Platz nehmen, sind halbkreisförmig angeordnet. Links und rechts vom Moderator sitzen jeweils drei Kandidaten. Wie viele Sitzordnungen sind möglich, wenn

(1) nur nach dem Geschlecht unterschieden wird?

6! = 720 Anordnungen wären möglich, wenn alle Personen unterschieden würden.

Soll jedoch nach den Geschlechtern unterschieden werden, so sind 2! bzw. 4! Anordnungen identisch: DDHHHH, DHDHHH, DHHDHH usw.

$\frac{6!}{2! \cdot 4!} = \textbf{15}$ verschiedene Sitzordnungen

(2) nach den Personen unterschieden wird und die beiden Damen auf verschiedenen Seiten des Moderators sitzen sollen?

Auf jeder Seite des Moderators sitzt auf einem der drei Plätze eine **Dame**, die zuvor auf **2 Arten** ausgewählt wurde, während die **vier Herren** auf **4! Arten** gewählt wurden. Jeweils eine der beiden Damen kann auf drei unterschiedlichen Plätzen neben dem Moderator sitzen: DHH DHH, HDH DHH, HHD DHH, DHH HDH, HDH HDH, HHD HHD, DHH HHD, HDH HHD, HHD HHD $\left(\frac{3!}{2!} \cdot \frac{3!}{2!} = 9 \text{ Anordnungen} \right)$

$2 \cdot 4! \cdot \frac{3!}{2!} \cdot \frac{3!}{2!} = \textbf{432}$ verschiedene Sitzordnungen.

Zu A83.

An einer Raterunde dürfen nur zwei der sechs Kandidaten teilnehmen.

b) Zur Auswahl des ersten Teilnehmers würfelt jeder der 6 Kandidaten genau einmal mit einem Laplace-Würfel. Wenn einer **als Einziger** eine Sechs geworfen hat, so darf er an der Raterunde teilnehmen. Anderenfalls wird das Verfahren wiederholt.

(1) Wie groß ist die Wahrscheinlichkeit, dass der erste Teilnehmer bereits nach der ersten Würfelrunde feststeht?

$$P_{\frac{1}{6}}^{6}(X = 1) = \binom{6}{1} \cdot \left(\frac{1}{6}\right)^1 \cdot \left(\frac{5}{6}\right)^5 \approx 0{,}40188 \approx 40{,}2\,\%$$

(2) Mit welcher Wahrscheinlichkeit steht der erste Teilnehmer spätestens nach der dritten Würfelrunde fest?

Die Chance, dass bei der ersten Würfelrunde nur **genau ein Teilnehmer eine Sechs** würfelt, ist entsprechend der Teilaufgabe (1) **40,2 %**. Wird das zweite Mal gewürfelt, so gilt die gleiche Wahrscheinlichkeit und ebenso beim dritten Mal. Die Wahrscheinlichkeit, dass **beim ersten Mal kein Teilnehmer** gefunden wird ist $(1 - 0{,}402) = \mathbf{0{,}598}$.
Die Wahrscheinlichkeit, dass **bis zur dritten Würfelrunde kein Teilnehmer** gefunden wird ist damit **$0{,}598^3$**.

Die Frage, dass spätestens nach der dritten Runde der erste Teilnehmer ermittelt wird, ist das **Gegenereignis** zu „kein Teilnehmer nach drei Runden":

$$p = 1 - \mathbf{0{,}598^3} \approx 0{,}786 \mathrel{\widehat{=}} \mathbf{78{,}6\,\%}$$

Zu A83.

c) Zur Auswahl des zweiten Raterundenteilnehmers müssen die verbleibenden Kandidaten n Städte nach aufsteigender Einwohnerzahl ordnen. Wie groß muss n mindestens sein, damit die Wahrscheinlichkeit dafür, die richtige Reihenfolge ohne Sachkenntnisse zu erraten, kleiner als 2 ‰ $\triangleq$ 0,002 ist?

Für n Städte gibt es n! Möglichkeiten, die richtige Reihenfolge ohne echtes Wissen zu erraten.
Damit liegt die Wahrscheinlichkeit bei $\frac{1}{n!}$.
Um die Anzahl n der Städte mit einer Wahrscheinlichkeit von weniger als 0,002 zu erraten gilt:

$$\frac{1}{n!} < 0,002$$
$$n! > 500$$
$$n \geq 6$$

Es müssen **mindestens 6 Städte** richtig angeordnet werden, damit die Wahrscheinlichkeit, dass der Kandidat nur geraten hat, weniger als 2 ‰ $\triangleq$ 0,002 beträgt.

Zu A83.

d) In der Raterunde werden Fragen gestellt, die ein Zufallsgenerator aus den Bereichen Politik, Geografie, Film, Musik und Sport auswählt, so dass jeder Bereich mit gleicher Wahrscheinlichkeit vorkommt.

(1) Wie groß ist die Wahrscheinlichkeit, dass von fünf unabhängig ausgewählten Fragen jede aus einem anderen Bereich stammt?

Für jede Frage stehen insgesamt fünf Gebiete zur Verfügung, also 5^5 Möglichkeiten der Auswahl. Wenn der Frage aus einem anderen Gebiet sein soll, so gibt es für die erste Frage 5, die zweite 4 und für die letzte Frage nur noch eine Auswahlmöglichkeit.

P(„5 verschiedene Gebiete") = $\frac{5!}{5^5} \approx 0{,}0384 \triangleq \mathbf{3{,}84}$ %

(2) Mit welcher Wahrscheinlichkeit sind von zehn unabhängig ausgewählten Fragen wenigstens vier aus dem Bereich Sport?

$P_{0,2}^{10}(X \geq 4) = 1 - P_{0,2}^{10}(X \leq 3) =$

$= 1 - [\binom{10}{0} \cdot (\tfrac{1}{5})^0 \cdot (\tfrac{4}{5})^{10} + \binom{10}{1} \cdot (\tfrac{1}{5})^1 \cdot (\tfrac{4}{5})^9 +$

$+ \binom{10}{2} \cdot (\tfrac{1}{5})^2 \cdot (\tfrac{4}{5})^8 + \binom{10}{3} \cdot (\tfrac{1}{5})^3 \cdot (\tfrac{4}{5})^7] =$

$= 1 - (0{,}10737 + 0{,}26844 + 0{,}30199 + 0{,}20133) =$

$= 0{,}12087 \approx \mathbf{12{,}1}$ %

Mit 12,1 % Wahrscheinlichkeit sind von zehn gewählten Fragen mindestens vier aus genau einem der verfügbaren Gebiete, evtl. aus dem Bereich Sport.

239

Zu A83.

e) Der Moderator behauptet, dass mindestens 30 % der Zuschauer die Ratesendung mit „sehr gut" (Note 1) beurteilen.

(1) Um dies zu testen, sollen 200 zufällig ausgewählte Zuschauer befragt werden. Die Behauptung des Moderators soll mit einer Wahrscheinlichkeit von höchstens 20 % irrtümlich abgelehnt werden. Bestimmen Sie die zugehörige Entscheidungsregel mit einem möglichst großen Ablehnungsbereich für die Behauptung des Moderators.

$$P_{0,3}^{200}(X \le k) \le 0,2$$
$$P_{0,3}^{200}(X \le 54) = 0,19885 < 0,2 \text{ (Tabelle)}$$
$$\left(P_{0,3}^{200}(X \le 55) = 0,24545 > 0,2\right)$$

Die Behauptung des Moderators wird irrtümlich mit maximal 20 % Wahrscheinlichkeit abgelehnt, wenn höchstens 54 von 200 Zuschauern die Ratesendung nicht mit „sehr gut" bewerten.

Ablehnungsbereich $\overline{A} = \{0,1,2,\ldots,54\}$

Zu A83. e)

Eine Umfrage, bei der 200 Zuschauer die Noten 1 bis 4 vergeben konnten, brachte folgendes Ergebnis:

	Note 1	Note 2	Note 3	Note 4
männlich	22	55	33	10
weiblich	30	36	14	0

(2) Berechnen Sie die von den männlichen Zuschauern und die von den weiblichen Zuschauern vergebene Durchschnittsnote und stellen Sie die von den Frauen vergebenen Noten in einem Kreisdiagramm dar.

Durchschnittsnoten:

männlich: $(22 \cdot 1 + 55 \cdot 2 + 33 \cdot 3 + 10 \cdot 4):120 = 271:120 \approx \mathbf{2{,}26}$

weiblich: $(30 \cdot 1 + 36 \cdot 2 + 14 \cdot 3 + 0 \cdot 4):80 = 144:80 \approx \mathbf{1{,}80}$

Frauenvergabe:

Note 1: $\frac{30}{80} = 0{,}375 \Rightarrow 360° \cdot 0{,}375 = 135°$

Note 2: $\frac{36}{80} = 0{,}45 \Rightarrow 360° \cdot 0{,}45 = 162°$

Note 3: $\frac{14}{80} = 0{,}175 \Rightarrow 360° \cdot 0{,}175 = 63°$

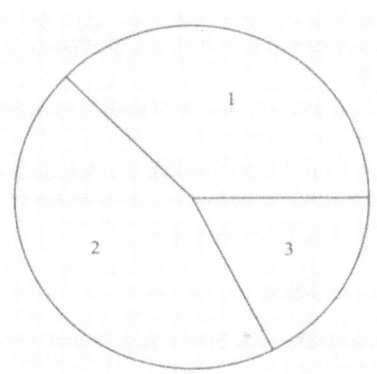

A84. Eine Firma stellt Glühlampen her. Dabei entsteht erfahrungsgemäß 10 % Ausschuss.
Die nicht kontrollierten Lampen werden in Kartons zu 50 Packungen mit je 20 Stück abgepackt.

a) Wie groß ist die Wahrscheinlichkeit, dass in einer Zwanziger-Packung mehr als drei Lampen defekt sind?

$$P_{0,1}^{20}(X > 3) = 1 - P_{0,1}^{20}(X \le 3) =$$

$$= 1 - \left(\binom{20}{0} 0,1^0 \cdot 0,9^{20} + \binom{20}{1} 0,1^1 \cdot 0,9^{19} + \right.$$

$$\left. + \binom{20}{2} 0,1^2 \cdot 0,9^{18} + \binom{20}{3} 0,1^3 \cdot 0,9^{17} \right) =$$

$$= 1 - (0,12158 + 0,27017 + 0,28518 + 0,19012) =$$

$$= 1 - 86705 = 0,13295 \approx \mathbf{13,3\,\%}$$

b) Mit welcher Wahrscheinlichkeit ist in einem Fünfziger-Karton **höchstens eine** Zwanziger-Packung mit mehr als drei defekten Lampen?

Gemäß Teilaufgabe a gilt **p = 0,133** für mehr als drei defekte Lampen pro Packung.

$$P_{0,133}^{50}(X \le 1) =$$

$$= \binom{50}{0} 0,133^0 \cdot 0,867^{50} + \binom{50}{1} 0,133^1 \cdot 0,867^{49} =$$

$$= 0,0069 \approx \mathbf{0,7\,\%}$$

Mit der sehr kleinen Wahrscheinlichkeit von 0,7 % befindet sich in einem 50er-Karton höchstens eine 20er-Packung mit mehr als drei defekten Lampen.

Zu A84.

Einem Elektrohändler wurde eine Serie von Zwanziger-Packungen mit jeweils genau **fünf defekten** Lampen geliefert.

c) Ein Kunde kauft zehn Lampen, die gleichzeitig einer vollen Zwanziger-Packung entnommen werden. Mit welcher Wahrscheinlichkeit sind unter diesen zehn Lampen **genau zwei defekt**?

Insgesamt werden 10 der 20 Lampen entnommen: $\binom{20}{10}$.

Wenn zwei defekt sein sollen, so müssen von den fünf defekten zwei und von den restlichen 15 Lampen 8 intakte dabei sein:

$$P(X = 2) = \frac{\binom{5}{2} \cdot \binom{15}{8}}{\binom{20}{10}} \approx 0{,}3483 \triangleq \mathbf{34{,}83}\,\%$$

d) Auf wie viele Arten kann man zwei defekte und acht intakte, sonst nicht unterscheidbare Lampen als Lichterkette in einer Reihe anordnen, wenn

(1) keine weiteren Bedingungen vorliegen,

$$\frac{10!}{2! \cdot 8!} = \mathbf{45\ Anordnungen}$$

(2) die defekten Lampen nicht nebeneinander liegen sollen?

Defekte nebeneinander:
ddiiiiiiii, iddiiiiiii, iiddiiiiii, ... , iiiiiiiidd $\Rightarrow$ **9** Mglk.

Von den in (1) ermittelten 45 Anordnungen müssen die defekten nebeneinander liegenden abgezogen werden:

$$\frac{10!}{2! \cdot 8!} - 9 = 45 - 9 = \mathbf{36}\ \text{Anordnungsmöglichkeiten}$$

243

Zu A84.

e) Ein weiterer Kunde möchte drei Lampen kaufen. Der Verkäufer entnimmt eine Lampe aus einer vollen Zwanziger-Packung mit 5 defekten Lampen und prüft sie. Ist die Lampe defekt, so entsorgt er sie, sonst gibt er sie dem Kunden und entnimmt der Packung die nächste zu prüfende Lampe.
Mit welcher Wahrscheinlichkeit ist die vierte vom Verkäufer geprüfte Lampe die dritte intakte?

Dieser Vorgang lässt sich auch als Ziehen ohne Zurücklegen nachvollziehen:

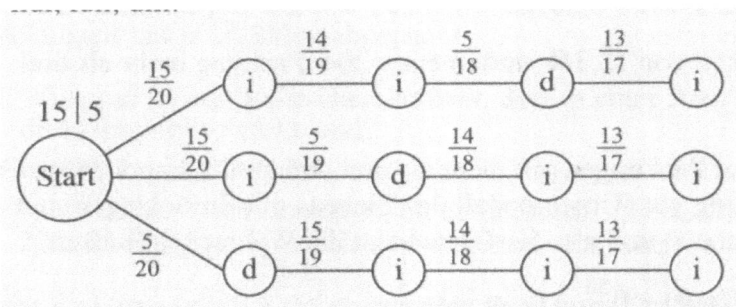

$$P(\text{„drei intakte von vier gezogenen"}) = \frac{15}{20} \cdot \frac{14}{19} \cdot \frac{5}{18} \cdot \frac{13}{17} +$$
$$+ \frac{15}{20} \cdot \frac{5}{19} \cdot \frac{14}{18} \cdot \frac{13}{17} + \frac{5}{20} \cdot \frac{15}{19} \cdot \frac{14}{18} \cdot \frac{13}{17} = 3 \cdot \frac{15 \cdot 14 \cdot 13 \cdot 5}{20 \cdot 19 \cdot 18 \cdot 17} \approx \mathbf{35{,}2\ \%}$$

Mit einer Wahrscheinlichkeit von 35,2 % ist die vierte gezogene Lampe die dritte Lampe ohne Defekt.

Zu A84

Aufgrund eines zunächst unerkannten Defekts hat eine Maschine Lampen mit 30 % Ausschuss produziert. Diese Lampen wurden so wie oben beschrieben verpackt.
Um die Kartons mit Lampen höherer Ausschussquote nachträglich auszusondern, wird folgendes Testverfahren durchgeführt:
Ein Karton wird ausgesondert, wenn von 25 zufällig entnommenen Lampen **mehr als drei** defekt sind.

f) Mit welcher Wahrscheinlichkeit wird bei diesem Test ein Karton **nicht** ausgesondert, obwohl er Lampen mit erhöhter Ausschussquote enthält?

$$P_{0,3}^{25}(X \leq 3) = \binom{25}{0} 0,3^0 \cdot 0,7^{25} + \binom{25}{1} 0,3^1 \cdot 0,7^{24} +$$
$$+ \binom{25}{2} 0,3^2 \cdot 0,7^{23} + \binom{25}{3} 0,3^3 \cdot 0,7^{22} =$$
$$= 0,00013 + 0,00144 + 0,00739 + 0,02428 = 0,03323 \approx$$
$$\approx \mathbf{3{,}32\ \%}$$

g) Mit welcher Wahrscheinlichkeit wird bei diesem Test ein Karton irrtümlich ausgesondert?

Ein Karton wird irrtümlich ausgesondert, wenn mehr als drei defekte Lampen gefunden werden, obwohl z. B. nur 10 % Ausschuss vorliegt:

$$P_{0,1}^{25}(X > 3) = 1 - P_{0,1}^{25}(X \leq 3) = 1 - 0,76359 =$$
$$= 0,23641 \approx \mathbf{23{,}6\ \%}$$

CAS-Rechner: $P_{0,1}^{25}(X \leq 3)$ mit **binCdf(25,0.1,0,3) = 0,76359**

Zu A84.

h) Aus Sicht der Firma wird ein Karton mit zu großer
   Wahrscheinlichkeit irrtümlich ausgesondert. Für einen
   verbesserten Test sollen den Kartons jeweils 50
   Lampen entnommen werden. Die Wahrscheinlichkeit
   einen Karton irrtümlich auszusondern, soll höchstens
   5 % betragen. Ermitteln Sie die Entscheidungsregel.

Ein Karton soll ausgesondert werden, wenn mehr als
k defekte Lampen in der Stichprobe gefunden werden.
Die Wahrscheinlichkeit für die irrtümliche Ablehnung bei
nur **10 % Ausschuss**, soll höchstens 5 % betragen:

Hypothese: $p = 0,1$
$\overline{A} = \{k + 1, k + 2, \ldots, 50\}$

$$P_{0,1}^{50}(X > k) = 1 - P_{0,1}^{50}(X \leq k) \leq 0,05$$

$$P_{0,1}^{50}(X \leq k) \geq 0,95$$

$$\left(P_{0,1}^{50}(X \leq 8) = \mathbf{0,94}213 < 0,95 \right)$$

$$P_{0,1}^{50}(X \leq \mathbf{9}) = \mathbf{0,97}546 \geq 0,95$$

$\Rightarrow k = 9 \Rightarrow k + 1 = 10 \Rightarrow$
Ablehnungsbereich $\overline{A} = \{10, 11, \ldots, 50\}$

Wenn mindestens zehn defekte bei 50 geprüften Lampen
auftreten, wird der Karton ausgesondert.

A85. Eine Familie, bestehend aus Vater, Mutter, Sohn und Tochter, geht in ein italienisches Restaurant zum Essen.

a) An der Garderobe sind acht Haken frei. Jedes Familienmitglied hängt seinen Mantel an einen leeren Haken. Wie viele Möglichkeiten gibt es, wenn die Mäntel alle unterscheidbar sind?

Acht Haken für den Ersten, sieben für den Zweiten usw. : $8 \cdot 7 \cdot 6 \cdot 5 = \mathbf{1680}$ Möglichkeiten

b) In der Küche werden **sechs** verschiedene Pizzazutaten verwendet, darunter Salami. Auf der Speisekarte sind alle Pizza-Arten mit **mindestens drei Zutaten** aufgeführt.

(1) Wie viele Pizza-Arten enthält die Speisekarte?

Mindestens drei Zutaten bedeutet 3 **oder** 4 **oder** 5 **oder** 6 Zutaten je Pizza:
$$\binom{6}{3} + \binom{6}{4} + \binom{6}{5} + \binom{6}{6} = \mathbf{42} \text{ Pizza-Arten}$$

(2) Wie viele Pizza-Arten mit **genau** drei Zutaten enthalten keine Salami?

Ohne Salami bleiben 5 Zutaten:
$$\binom{5}{3} = \mathbf{10} \text{ Pizza-Arten}$$

Zu A85.

c) Die Mutter weiß, dass es dort zum Mittagessen mit einer Wahrscheinlichkeit von **30 %** ihre Lieblingsspeise gibt.
Wie oft muss die Mutter mindestens zum Mittagessen gehen, damit sie mit einer Wahrscheinlichkeit von mehr als 80 % **mindestens zweimal** ihre Lieblingsspeise bestellen kann?

$$P_{0,3}^{n}(X \geq 2) > 0,8$$
$$1 - P_{0,3}^{n}(X \leq 1) > 0,8$$
$$P_{0,3}^{n}(X \leq 1) < 0,2$$
$$\binom{n}{0} 0,3^0 \cdot 0,7^n + \binom{n}{1} 0,3^1 \cdot 0,7^{n-1} < 0,2$$

$$\left(\binom{8}{0} 0,3^0 \cdot 0,7^8 + \binom{8}{1} 0,3^1 \cdot 0,7^7 = \mathbf{0,255}30 > 0,2 \right)$$
$$\binom{\mathbf{9}}{0} 0,3^0 \cdot 0,7^9 + \binom{\mathbf{9}}{1} 0,3^1 \cdot 0,7^8 = \mathbf{0,196}00 < 0,2$$

Die Mutter muss mindestens **neunmal** zum Essen gehen, um mit mehr als 80 % Sicherheit zweimal ihre Lieblingsspeise bestellen zu können.

Zu A85.

d) Als Nachspeise isst der Vater besonders gerne Tiramisu. Diese Nachspeise ist aber nicht immer vorrätig. Der Wirt verspricht der Familie ein Gratisessen, wenn der Vater bei den nächsten 20 Restaurantbesuchen nicht mindestens k = 14 mal Tiramisu bekommen kann.

(1) Mit welcher Wahrscheinlichkeit bekommt die Familie das Gratisessen, wenn der Wirt einer Bestellung von Tiramisu mit einer Wahrscheinlichkeit von 75 % nachkommen kann?

$$P_{0,75}^{20}(X \leq 13) = 0,21422 \approx \mathbf{21,4}\,\%$$
(mit Tabelle oder CAS-Rechner: binomCdf(20,0.75,0,13))

(2) Wie groß dürfte in seinem Versprechen der Wert von k höchstens sein, damit der Wirt mit einer Wahrscheinlichkeit von mehr als 60 % kein Gratisessen ausgeben muss, obwohl er nur 45 % aller Tiramisubestellungen nachkommen kann?

$$P_{0,45}^{20}(X \leq k - 1) < 0,4 \quad \text{(mehr als 60 \% } \Rightarrow \text{ weniger als 40 \%)}$$
$$P_{0,45}^{20}(X \leq \mathbf{7}) = 0,25201 < 0,4$$
$$\left(P_{0,45}^{20}(X \leq 8) = 0,41431 > 0,4\right)$$
$$k - 1 = 7 \Rightarrow \mathbf{k = 8}$$

k darf höchstens den Wert 8 haben, damit der Wirt mit 60% Wahrscheinlichkeit kein Gratisessen ausgeben muss, wenn er nur 45% der Tiramisubestellungen nachkommen kann.

Zu A85.

e) Beim Außerhausverkauf weiß der Wirt aus Erfahrung, dass 60 % der Kunden eine Pizza, 30 % ein Nudelgericht und der Rest eine Gemüseplatte wünschen. Der Sohn möchte eine Gemüseplatte mit nach Hause nehmen. Er steht Schlange vor der Ausgabe, vor ihm stehen noch 8 Personen.

(1) Mit welcher Wahrscheinlichkeit wünschen von den vor ihm stehenden Personen sechs eine Pizza und zwei ein Nudelgericht?

Wahrscheinlichkeit, dass die **ersten** sechs Personen eine Pizza und die restlichen zwei ein Nudelgericht bestellen ist $0{,}6^6 \cdot 0{,}3^2 \approx 0.0042$.

Die acht Personen vor dem Sohn sind auf $\frac{8!}{6! \cdot 2!} = \binom{8}{6} = 28$ Möglichkeiten in der Warteschlange verteilt:

$\binom{8}{6} \cdot 0{,}6^6 \cdot 0{,}3^2 \approx 0{,}1176 = \mathbf{11{,}75\ \%}$ Wahrscheinlichkeit, dass sich vor dem Sohn sechs Personen eine Pizza und zwei ein Nudelgericht wünschen.

(2) Mit welcher Wahrscheinlichkeit erhält er der Sohn seine Gemüseplatte, wenn er weiß, dass nur noch **drei Gemüseplatten** vorrätig sind?

Er erhält die Gemüseplatte, wenn vor ihm keine oder eine Person oder zwei Personen eine Gemüseplatte kaufen.

$\binom{8}{0} \cdot 0{,}1^0 \cdot 0{,}9^8 + \binom{8}{1} \cdot 0{,}1^1 \cdot 0{,}9^7 + \binom{8}{2} \cdot 0{,}1^2 \cdot 0{,}9^6 \approx$

$\approx 0{,}9619 \triangleq \mathbf{96{,}19\ \%}$

Abituraufgaben 2019 (Bayern)

Das Mathematik-Abitur des Jahres 2019 wurde als sehr schwer eingestuft und führte zu öffentlichen Protesten. Durch Vergleich mit den Abituraufgaben des 20. Kapitels dieses Lehrbuchs kann jeder Leser selbst beurteilen, ob die Aufgaben jenes Jahres wirklich herausfordernder waren.

Hinweis zur Aufgabenverteilung:
Von den **Aufgabengruppen 1** und **2** wählt vor der Prüfung der Fachausschuss eine Aufgabengruppe zur Bearbeitung aus.
Der jeweils erste **Prüfungsteil A** der Aufgaben A86 und A 87 muss **ohne Hilfsmittel** gelöst werden. Im jeweiligen Teil B sind Hilfsmittel (CAS-Rechner und Tafelwerk) erlaubt.

A86. Aufgabengruppe 1 Teil A (**ohne** Hilfsmittel)

1. Ein Glücksrad besteht aus fünf gleich großen Sektoren. Einer der Sektoren ist mit „0" beschriftet, einer mit „1" und einer mit „2"; die beiden anderen Sektoren sind mit „9" beschriftet.

a) Das Glücksrad wird viermal gedreht. Berechnen Sie die Wahrscheinlichkeit dafür, dass die Zahlen 2, 0, 1 und 9 in der angegebenen Reihenfolge erzielt werden.

$$P(2,0,1,9) = \frac{1}{5} \cdot \frac{1}{5} \cdot \frac{1}{5} \cdot \frac{2}{5} = \frac{2}{625} \triangleq \mathbf{0,32}\,\%$$

b) Das Glücksrad wird zweimal gedreht. Bestimmen Sie die Wahrscheinlichkeit dafür, dass die Summe der erzielten Zahlen mindestens 11 beträgt.

$$P(\text{Summe} \geq 11) = P(2/9) + P(9/2) + P(9/9) =$$
$$= \frac{1}{5} \cdot \frac{2}{5} + \frac{2}{5} \cdot \frac{1}{5} + \frac{2}{5} \cdot \frac{2}{5} = \frac{8}{25} \triangleq \mathbf{32\,\%}$$

2. Eine Zufallsgröße X kann ausschließlich die Werte 1, 4, 9 und 16 annehmen. Bekannt sind $P(X = 9) = 0,2$ und $P(X = 16) = 0,1$ sowie der Erwartungswert $E(X) = 5$. Bestimmen Sie mithilfe eines algebraischen Ansatzes für den Erwartungswert die Wahrscheinlichkeiten $P(X = 1)$ und $P(X = 4)$.

$X = x_i$	1	4	9	16
$P(X = x_i)$	a	b	0,2	0,1

I) $a + b + 0,2 + 0,1 = 1$ (Wahrscheinlichkeitsverteilung)
II) $E(X) = 1 \cdot a + 4 \cdot b + 9 \cdot 0,2 + 16 \cdot 0,1 = 5$ (laut Angabe)

I) $a + b + 0,2 + 0,1 = 1$
II) $\underline{a + 4b + 1,8 + 1,6 = 5}$
II) - I) $3b + 1,6 + 1,5 = 4 \implies \boxed{b = 0,3}$
b in I) $a + 0,3 + 0,2 + 0,1 = 1 \implies \boxed{a = 0,4}$
$P(X = 1) = 0,4$ und $P(X = 4) = 0,3$

3. Gegeben ist eine Bernoullikette mit der Länge n und der Trefferwahrscheinlichkeit p. Erklären Sie, dass für alle $k \in \{0, 1, 2, \dots , n\}$ die Beziehung $B(n; p; k) = B(n; 1-p; n-k)$ gilt.

$B(n; p; k) = \binom{\mathbf{n}}{\mathbf{k}} \cdot \mathbf{p^k} \cdot \mathbf{(1 - p)^{n-k}} =$
$= \frac{n!}{k! \cdot (n-k)!} \cdot p^k \cdot (1 - p)^{n-k}$

$B(n; 1-p; n-k) = \binom{n}{n-k} \cdot (1 - p)^{n-k} \cdot (1 - (1 - p))^{n-(n-k)} =$
$= \frac{n!}{(n-k)! \cdot (n-(n-k))!} \cdot (1 - p)^{n-k} \cdot p^k =$
$= \frac{n!}{(n-k)! \cdot k!} \cdot (1 - p)^{n-k} \cdot p^k = \binom{\mathbf{n}}{\mathbf{k}} \cdot \mathbf{p^k} \cdot \mathbf{(1 - p)^{n-k}}$

A86. Aufgabengruppe 1 Teil B (mit Hilfsmittel)

Ein Unternehmen organisiert Fahrten mit einem Ausflugsschiff, das Platz für 60 Fahrgäste bietet.

1. Betrachtet wird eine Fahrt, bei der das Schiff voll besetzt ist. Unter den Fahrgästen befinden sich Erwachsene, Jugendliche und Kinder. Die Hälfte der Fahrgäste isst während der Fahrt ein Eis, von den Erwachsenen nur jeder Dritte, von den Jugendlichen und Kindern 75 %. Berechnen Sie, wie viele Erwachsene an der Fahrt teilnehmen.

$0{,}5 \cdot 60 =$ **30 Eis-Esser** unter den Fahrgästen.
Ein Drittel der **x Erwachsenen** isst ein Eis.
75 % der (60 − x) Heranwachsenden essen ein Eis.

$$\frac{x}{3} + 0{,}75 \cdot (60 - x) = 30$$
$$\frac{x}{3} - \frac{3}{4}x + 45 = 30$$
$$\frac{5}{12}x = 15$$
$$x = \textbf{36 Erwachsene}$$

2. Möchte man an einer Fahrt teilnehmen, so muss man dafür im Voraus eine Reservierung vornehmen, ohne dabei schon den Fahrpreis bezahlen zu müssen. Erfahrungsgemäß erscheinen von den Personen mit Reservierung einige nicht zur Fahrt. Für die **60** zur Verfügung stehenden **Plätze** lässt das Unternehmen deshalb bis zu **64 Reservierungen** zu. Es soll davon ausgegangen werden, dass für jede Fahrt tatsächlich 64 Reservierungen vorgenommen werden. Erscheinen mehr als 60 Personen mit Reservierung zur Fahrt, so können nur 60 von ihnen daran teilnehmen.

Die übrigen müssen abgewiesen werden.
Die Zufallsgröße X beschreibt die Anzahl der Personen mit Reservierung, die nicht zur Fahrt erscheinen. Vereinfachend soll angenommen werden, dass X binomialverteilt ist, wobei die Wahrscheinlichkeit dafür, dass eine zufällig ausgewählte Person mit Reservierung **nicht zur Fahrt** erscheint, **10 %** beträgt.

a) Geben Sie einen Grund dafür an, dass es sich bei der Annahme, die Zufallsgröße X ist binomialverteilt, im Sachzusammenhang um eine Vereinfachung handelt.

X: „Anzahl der Personen mit Reservierung, die nicht zur Fahrt erscheinen"
Der Wert **p = 10 %** scheint **willkürlich** aus Erfahrung gewählt worden sein. Sollte zum Beispiel eine zusammengehörende Gruppe gebucht haben und diese insgesamt ausfallen, so sind die 10 % **nicht mehr stochastisch unabhängig**, sodass **keine Binomialverteilung** vorliegt.

b) Bestimmen Sie die Wahrscheinlichkeit dafür, dass keine Person mit Reservierung abgewiesen werden muss.

Wenn von den 64 Reservierungen lediglich eine, zwei oder drei Personen nicht erscheinen, so müssen Gäste abgewiesen werden. Fehlen mehr als drei der Gäste, die reserviert haben, so muss **niemand abgewiesen** werden.

$$P_{0,1}^{64}(X \geq 4) = 1 - P_{0,1}^{64}(X \leq 3) = 1 - 0,10629 =$$
$$= 0,89371 \approx \mathbf{89,37\ \%} \text{ (niemand muss abgewiesen werden)}$$

c) Für das Unternehmen wäre es hilfreich, wenn die Wahrscheinlichkeit dafür, **mindestens eine Person mit Reservierung abweisen** zu müssen, höchstens ein Prozent wäre. Dazu müsste die Wahrscheinlichkeit dafür, dass eine zufällig ausgewählte Person mit Reservierung nicht zur Fahrt erscheint, mindestens einen bestimmten Wert haben.
Ermitteln Sie diesen Wert auf Prozent genau.

X: „Anzahl der Personen mit Reservierung, die nicht zur Fahrt erscheinen"

Y: „Anzahl der abgewiesenen Personen"

$$P_p^{64}(Y \geq 1) \leq 0,01$$

$$1 - P_p^{64}(Y = 0) \leq 0,01$$

$$P_p^{64}(Y = 0) \geq 0,99 \quad | \quad P_p^{64}(Y = 0) = P_p^{64}(X \geq 4) \quad \triangle$$

$$P_p^{64}(X \geq 4) \geq 0,99$$

$$1 - P_p^{64}(X \leq 3) \geq 0,99$$

$$P_p^{64}(X \leq 3) \leq 0,01$$

$$P_{0,14}^{64}(X \leq 3) \approx 0,01572 > 0,01 \text{ (mit kumulativer Tabelle)}$$

$$P_{0,15}^{64}(X \leq 3) \approx 0,00924 < \mathbf{0,01}$$

Um mit einer Wahrscheinlichkeit von weniger als 1 % jemanden abweisen zu müssen, müsste die Wahrscheinlichkeit für X **mindestens 15 %** sein.

In der Angabe zu Teilaufgabe 2 wurden 10 % angesetzt.

Zu A86. Aufgabengruppe 1 Teil B

Das Unternehmen richtet ein Online-Portal zur Reservierung ein und vermutet, dass dadurch der Anteil der Personen mit Reservierung, die zur jeweiligen Fahrt nicht erscheinen, zunehmen könnte. Als Grundlage für die Entscheidung darüber, ob pro Fahrt künftig mehr als 64 Reservierungen zugelassen werden, soll die Nullhypothese H₀ *„Die Wahrscheinlichkeit dafür, dass eine zufällig ausgewählte Person mit Reservierung nicht zur Fahrt erscheint, beträgt* **höchstens 10 %**.*"* mithilfe einer Stichprobe von 200 Personen mit Reservierung auf einem **Signifikanzniveau von 5 %** getestet werden. Vor der Durchführung des Tests wird festgelegt, die Anzahl der für eine Fahrt möglichen Reservierungen nur dann zu erhöhen, wenn die Nullhypothese aufgrund des Testergebnisses abgelehnt werden müsste.

d) Ermitteln Sie die zugehörige Entscheidungsregel.

Signifikanztest: $H_0: p \le 0,1$; $k = 200$; $\alpha = 0,05$
Annahmebereich: $A = \{0,1,2,\ldots,k\}$
Ablehnungsbereich: $\overline{A} = \{k+1,k+2,\ldots,200\}$

$$P^{200}_{0,1}(X > k) \le 0,05$$

$$1 - P^{200}_{0,1}(X \le k) \le 0,05$$

$$P^{200}_{0,1}(X \le k) \ge 0,95$$

$$P^{200}_{0,1}(X \le \mathbf{26}) = \mathbf{0,93}278 < 0,95 \text{ (Tabelle)}$$

$$P^{200}_{0,1}(X \le \mathbf{27}) = \mathbf{0,95}657 > 0,95$$

Wenn von den 200 Personen mit Reservierung **höchstens 27** nicht zur Fahrt erscheinen, werden **künftig nicht mehr als 64 Reservierungen zugelassen**.

e) Entscheiden Sie, ob bei der Wahl der Nullhypothese
   eher das Interesse, dass weniger Plätze frei bleiben
   sollen, oder das Interesse, dass nicht mehr Personen
   mit Reservierung abgewiesen werden müssen, im
   Vordergrund stand. Begründen Sie Ihre Entscheidung.

Durch die Wahl der Nullhypothese soll die
Wahrscheinlichkeit für den Fehler, dass irrtümlich mehr
als 64 Reservierungen zugelassen werden, gering
gehalten werden ($\leq 0{,}05$). Mehr Reservierungen
bedeuten, dass gegebenenfalls mehr Personen mit
Reservierung abgewiesen werden müssen.
Folglich stand das Interesse, dass nicht mehr Personen
mit Reservierung abgewiesen werden im Vordergrund,
weil sonst zu viele Kunden verärgert würden.

f) Beschreiben Sie den zugehörigen Fehler zweiter Art
   sowie die daraus resultierende Konsequenz im
   Sachzusammenhang.

Beim Fehler 2. Art wird die Nullhypothese irrtümlich
angenommen.

Obwohl der Anteil der Personen mit Reservierung, die
nicht zur Fahrt erscheinen zugenommen hat, lässt das
Unternehmen nicht mehr Reservierungen zu. Es bleiben
mehr Plätze frei, was einen finanziellen Verlust bedeutet
und damit ungünstig für das Unternehmen ist.

A87. Aufgabengruppe 2 Teil A (ohne Hilfsmittel)

Bemerkung:
Diese erste Aufgabe ist identisch mit Aufgabe 86.1A 1.

1. Ein Glücksrad besteht auf fünf gleich großen Sektoren. Einer der Sektoren ist mit „0" beschriftet, einer mit „1" und einer mit „2"; die beiden anderen sind mit „9" beschriftet.

a) Das Glücksrad wird viermal gedreht. Berechnen Sie die Wahrscheinlichkeit dafür, dass die Zahlen 2, 0, 1 und 9 in der angegebenen Reihenfolge erzielt werden.

$$P(2,0,1,9) = \left(\frac{1}{5}\right)^3 \cdot \frac{2}{5} = \frac{2}{625} \triangleq \mathbf{0,32}\,\%$$

b) Das Glücksrad wird zweimal gedreht. Bestimmen Sie die Wahrscheinlichkeit dafür, dass die Summe der erzielten Zahlen mindestens 11 beträgt.

$$P(\text{Summe} \geq 11) = P(2,9)+P(9/2)+P(9,9) =$$
$$= 2 \cdot \left(\frac{1}{5} \cdot \frac{2}{5}\right) + \frac{2}{5} \cdot \frac{2}{5} = \frac{8}{25} \triangleq \mathbf{32\,\%}$$

2. Gegeben ist eine binomialverteilte Zufallsgröße X mit dem Parameterwert n = 5. Dem Diagramm in Abbildung 1 kann man die Wahrscheinlichkeitswerte P(X ≤ k) mit k ∈ {0, 1, 2, 3, 4} entnehmen. Ergänzen Sie den zu k = 5 gehörenden Wahrscheinlichkeitswert im Diagramm. Ermitteln Sie näherungsweise die Wahrscheinlichkeit P(X = 2).

Das Diagramm zeigt die kumulierte Verteilungsfunktion von X.

$$P(X \leq k) = \sum_{i=0}^{5} B(5;p;i)$$

Für k = 5 muss gelten:
P(X ≤ 5) = 1

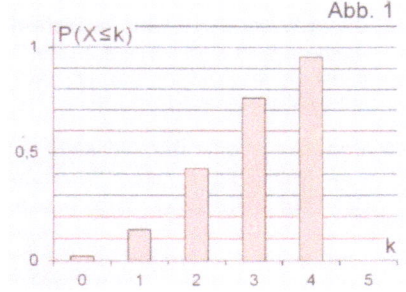

Abb. 1

P(X = 2) = P(X ≤ 2) - P(X ≤ 1) ≈ 0,42 − 0,14 = **0,28**

3. Das Baumdiagramm in Abbildung 2 gehört zu einem Zufallsexperiment mit den stochastisch unabhängigen Ereignissen A und B. Bestimmen Sie die Wahrscheinlichkeit des Ereignisses B.

$$\frac{2}{3} \cdot P(B) = \frac{2}{15}$$

$$P(B) = \frac{2}{15} : \frac{2}{3} = \frac{1}{5} \triangleq \mathbf{20\,\%}$$

A87. Aufgabengruppe 2 Teil B (mit Hilfsmittel)

1. Jeder **sechste Besucher** eines Volksfestes trägt ein Lebkuchenherz um den Hals. Während der Dauer des Volksfestes wird **25**-mal ein Besucher zufällig ausgewählt.
Die Zufallsgröße X beschreibt die „*Anzahl der ausgewählten Besucher, die ein Lebkuchenherz tragen*".

a) Bestimmen Sie die Wahrscheinlichkeit dafür, dass unter den ausgewählten Besuchern **höchstens ein** Besucher ein Lebkuchenherz trägt.

X: „Anzahl der ausgewählten Besucher mit Lebkuchenherz"

$$P_{\frac{1}{6}}^{25}(X \leq 1) = \binom{25}{0} \cdot \left(\frac{1}{6}\right)^0 \cdot \left(\frac{5}{6}\right)^{25} + \binom{25}{1} \cdot \left(\frac{1}{6}\right)^1 \cdot \left(\frac{5}{6}\right)^{24} =$$
$$= 0,01048 + 0,05241 = 0,06289 \approx \textbf{6,3 \%}$$

b) Beschreiben Sie im Sachzusammenhang ein Ereignis, dessen Wahrscheinlichkeit mit dem Term $\sum_{i=5}^{8} B(25; \frac{1}{6}; i)$ berechnet werden kann.

$$P_{\frac{1}{6}}^{25}(5 \leq X \leq 8)$$

Unter den 25 ausgewählten Besuchern tragen mindestens fünf und höchstens acht Besucher ein Lebkuchenherz.

Zu A87. Aufgabengruppe 2 Teil B (mit Hilfsmittel)

c) Bestimmen Sie die Wahrscheinlichkeit dafür, dass der Wert der Zufallsgröße X („Anzahl der gewählten Besucher mit Lebkuchenherz") höchstens um eine Standardabweichung vom Erwartungswert der Zufallsgröße abweicht.

Gesucht: $P_{\frac{1}{6}}^{25} (\mu - \sigma \leq X \leq \mu + \sigma)$

Mittelwert $\mu = 25 \cdot \frac{1}{6} = 4\frac{1}{6} \Rightarrow$ mehr als vier Besucher tragen im Mittel ein Lebkuchenherz, deswegen sind (ohne weitere Berechnung) **5** Besucher mit Lebkuchenherz **zu „erwarten"**.

Varianz:

$$V(X) = \sum_1^{25}(P(X = x_r) \cdot \left(5 - 4\frac{1}{6}\right)^2) = \sum_1^{25} \left(\frac{1}{6}\right) \cdot \left(\frac{5}{6}\right)^2 =$$
$$= 25 \cdot \frac{1}{6} \left(\frac{5}{6}\right)^2 = \mathbf{2\frac{193}{216}}$$

Standardabweichung:

$$\sigma = \sqrt{2\frac{193}{216}} \approx \mathbf{1,70}$$

$\mu - \sigma = 4\frac{1}{6} - 1,70 \approx 2,47$ und $\mu + \sigma = 4\frac{1}{6} + 1,70 \approx 5,87$

$P_{\frac{1}{6}}^{25} (2,47 \leq X \leq 5,87) \approx P_{\frac{1}{6}}^{25} (3 \leq X \leq 6) =$

$P_{\frac{1}{6}}^{25} (X \leq 6) - P_{\frac{1}{6}}^{25} (X \leq 2) \approx 0,89077 - 0,18869 =$

$= 0,70208 \approx \mathbf{70,2\ \%}$

Mit der Wahrscheinlichkeit von etwa 70 % weicht der Erwartungswert 5 höchstens um ± 1,7 ab.

2. Bei einer Losbude wird damit geworben, dass **jedes Los gewinnt**. Die Lose und die zugehörigen Sachpreise können drei Kategorien zugeordnet werden, die mit „Donau", „Main" und „Lech" bezeichnet werden. Im Lostopf befinden sich **viermal so viele** Lose der Kategorie „Main" wie Lose der Kategorie „Donau". Ein **Los kostet 1 Euro**. Die Inhaberin der Losbude bezahlt im Einkauf für einen Sachpreis in der Kategorie „**Donau**" **8 Euro**, in der Kategorie „**Main**" **2 Euro** und in der Kategorie „**Lech**" **20 Cent**. Ermitteln Sie, wie groß der Anteil der Lose der Kategorie „Donau" sein muss, wenn die Inhaberin im Mittel einen **Gewinn** von **35 Cent** pro Los erzielen will.

X: „Gewinn der Inhaberin pro Los in Euro"

Kategorie	Donau	Main	Lech
$P(X = x_r)$	p	4p	1 - 5p
$X = x_i$ (in €)	$1 - 8 = -7$	$1 - 2 = -1$	$1 - 0{,}2 = 0{,}8$

$E(X) = -7 \cdot p + (-1) \cdot 4p + 0{,}8 \cdot (1 - 5p) = 0{,}35$

$$-7p - 4p + 0{,}8 - 4p = 0{,}35$$
$$15p = 0{,}45$$
$$p = 0{,}03$$

Von der Kategorie „Donau" muss ein Anteil von **3 %**, von der Kategorie „Main" 12 % und von der Kategorie „Lech" müssen 85 % enthalten sein, damit im Schnitt 35 ct je Los Gewinn erzielt werden können.

Zu A87. Aufgabengruppe 2 Teil B (mit Hilfsmittel)

3. Die Inhaberin der Losbude beschäftigt einen Angestellten, der Besucher des Volksfests anspricht, um diese zum Kauf von Losen zu animieren. Sie ist mit der Erfolgsquote des Angestellten unzufrieden.

a) Die Inhaberin möchte dem Angestellten das Gehalt kürzen, wenn weniger als 15 % der angesprochenen Besucher Lose kaufen. Die Entscheidung über die Gehaltskürzung soll mithilfe eines Signifikanztests auf der Grundlage von 100 angesprochenen Besuchern getroffen werden. Dabei soll möglichst vermieden werden, dem Angestellten das Gehalt zu Unrecht zu kürzen. Geben Sie die entsprechende Nullhypothes an und ermitteln Sie die zugehörige Entscheidungsregel auf dem Signifikanzniveau von 10 %.

H_0: $p \geq 0{,}15$
Fehler 1. Art: *„Dem Angestellten wird sein Gehalt zu Unrecht gekürzt, obwohl mehr als 15 % der angesprochenen Besucher Lose kaufen."*
Annahmebereich: A = {k+1, k+2, …, 100}
Ablehnungsbereich: $\overline{A}$ = {0, 1, 2, …, k}
X: „Anzahl der angesprochernen Personen, die ein Los kaufen"

$$P_{0{,}15}^{100}(X \leq k) \leq 0{,}1$$
$$P_{0{,}15}^{100}(X \leq \mathbf{10}) = \mathbf{0{,}09}945 \leq 0{,}1 \text{ (mit Tabelle)}$$

Wenn höchstens 10 der Angesprochenen ein Los kaufen, so wird dem Angestellten das Gehalt gekürzt.
Wenn mindestens **11 Personen** ein Los kaufen, so wird das Gehalt **nicht gekürzt**.

b) Der Angestellte konnte bei der Durchführung des Tests 10 von 100 erwachsenen Besuchern dazu animieren, Lose zu kaufen. Er behauptet, dass er zumindest bei **Personen mit Kind** eine **Erfolgsquote größer als 10 %** habe. Unter den 100 angesprochenen Besuchern befanden sich **40 Personen mit Kind**. Von den Personen **ohne** Kind zogen **54 kein Los**. Überprüfen Sie, ob das Ergebnis der Stichprobe die Behauptung des Angestellten stützt.

40 Personen mit Kind, demnach 60 Personen ohne Kind.

Von 60 Personen ohne Kind zogen 54 kein Los, d. h. **6 Personen ohne Kind zogen ein Los.**

Von den 10 verkauften Losen wurden daher **4 Lose an Personen mit Kind** verkauft.

4 Lose an 40 Personen mit Kind $\Rightarrow$ **10 %**

Der Angestellte hat also **nicht mehr als 10 %** an Personen mit Kind verkauft, sondern **genau 10 %.**

Der Autor

Während seiner Ausbildung zum Bankkaufmann entdeckte der Verfasser dieses Buchs, dass seine wahre Leidenschaft die Mathematik und die Naturwissenschaften sind. Nach Abschluss seiner Lehrzeit und Ableistung des Wehrdiensts studierte er an der Fachhochschule Nürnberg Technische Chemie und schloss das Studium als Diplom-Ingenieur (FH) ab. Anschließend nahm er an der Technischen Universität Berlin die Studien der Mathematik und der Chemie auf und promovierte zum Dr. rer. nat.

Nach vielen Jahren als Lehrer für Mathematik und Chemie an Gymnasien in Bayern leitete er ein Schulzentrum in Thüringen.

In den Jahren des sogenannten beruflichen Ruhestands unterrichtete er an weiteren Schulen, wobei ihm die Notwendigkeit verständlicher Lehrbücher noch mehr bewusst wurde.

Weitere Werke dieses Autors:

Mathematik-Abitur Band 1
Analysis – Infinitesimalrechnung
Mathematik-Abitur Band 2
Analytische Geometrie – Lineare Algebra
Ragins Weg – Eine kurze Reise durch die faszinierende Welt der Chemie und verwandter Wissenschaften.
Ragins Nürnberg – Zeitreise durch eine außergewöhnliche Stadt, mit ihren bedeutenden Persönlichkeiten und beeindruckenden Kunstwerken.
Ragins Sport – Geschichten und Geschichte der vielfältigen Mölichkeiten körperlicher Ertüchtigung.

Verlag & Druck: tredition GmbH, Halenreie 40-44, 22359 Hamburg

Softcover   978-3-347-71836-4
Hardcover   978-3-347-71842-5
E-Book   978-3-347-71843-2